现代水治理丛书

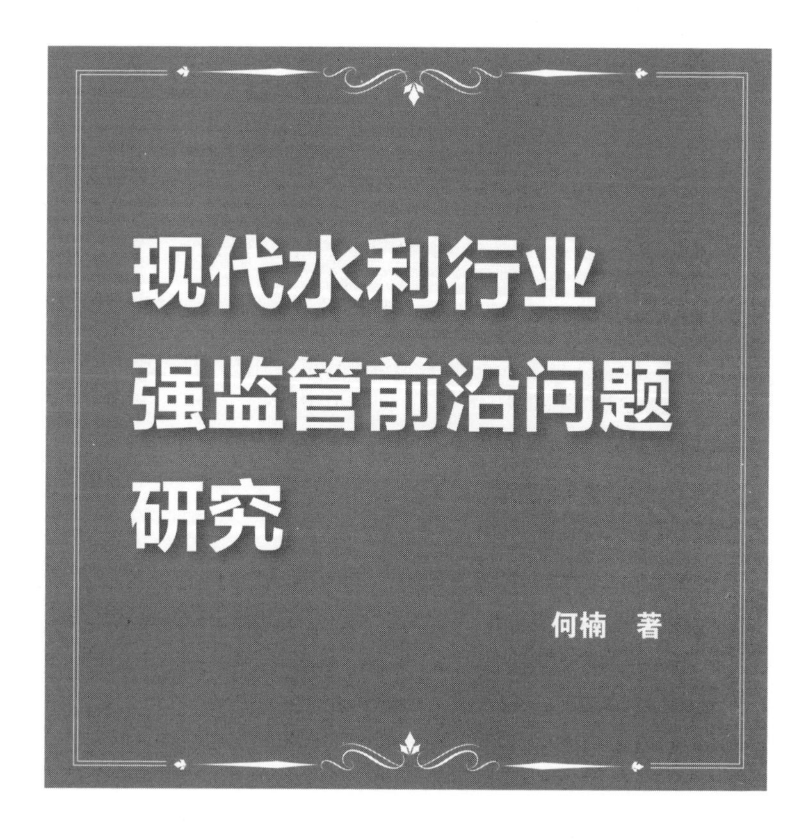

现代水利行业强监管前沿问题研究

何楠 著

中国水利水电出版社
www.waterpub.com.cn
·北京·

内 容 提 要

本书从水利行业强监管支撑理论研究入手，深入剖析新时代水利行业强监管的概念及内涵，并从理论、实践、制度三个逻辑维度分析水利行业强监管的现状、存在的问题及其成因，致力于构建其科学、合理且符合中国实际的水利行业强监管体系，引导、规范水利行业强监管实践，在此基础上提出我国水利行业强监管网络化治理范式，以期为政府及其职能部门制定强监管政策提供理论参考。

本书既可供从事水利行业监管的政府职能部门、监管人才培训使用，也可作为高等院校相关专业师生参考用书。

图书在版编目（CIP）数据

现代水利行业强监管前沿问题研究 / 何楠著. -- 北京 : 中国水利水电出版社, 2020.8
（现代水治理丛书）
ISBN 978-7-5170-8850-9

Ⅰ. ①现… Ⅱ. ①何… Ⅲ. ①水利行业－监管制度－研究－中国 Ⅳ. ①F426.9

中国版本图书馆CIP数据核字(2020)第171286号

书　名	现代水治理丛书 **现代水利行业强监管前沿问题研究** XIANDAI SHUILI HANGYE QIANG JIANGUAN QIANYAN WENTI YANJIU
作　者	何楠　著
出版发行	中国水利水电出版社 （北京市海淀区玉渊潭南路 1 号 D 座　100038） 网址：www. waterpub. com. cn E－mail：sales@waterpub. com. cn 电话：（010）68367658（营销中心）
经　售	北京科水图书销售中心（零售） 电话：（010）88383994、63202643、68545874 全国各地新华书店和相关出版物销售网点
排　版	中国水利水电出版社微机排版中心
印　刷	天津嘉恒印务有限公司
规　格	170mm×240mm　16 开本　6.5 印张　127 千字
版　次	2020 年 8 月第 1 版　2020 年 8 月第 1 次印刷
定　价	**48.00** 元

"现代水治理丛书"编纂委员会名单

总序

党的十八大以来，党中央从治国理政的层面对治水作出了一系列重要论述和重大战略部署，形成了新时代治水思路与方针，为我国现代水治理开创治水兴水新局面提供了根本遵循。从“节水优先、空间均衡、系统治理、两手发力”的治水方针，到“要从改变自然、征服自然转向调整人的行为、纠正人的错误行为”，再到“重在保护，要在治理”“要坚持山水林田湖草综合治理、系统治理、源头治理”“促进全流域高质量发展、改善人民群众生活、保护传承弘扬黄河文化，让黄河成为造福人民的幸福河”等，为明确和把握现代水治理的目标任务和基本内涵提供了根本要求和科学指引。水治理是关系中华民族伟大复兴的千秋大计。我国地理气候条件特殊，人多水少，缺水严重，水资源时空分布不均，旱涝灾害频发，是世界上水情最为复杂、治水最具有挑战性的国家。从某种意义上讲，一部中华民族的治水史也是一部国家治理史。水是基础性自然资源和战略性经济资源，维护健康水生态、保障国家水安全，以水资源可持续利用保障经济社会可持续发展，是关系国计民生的大事。在水治理过程中，上游与下游、干流与支流、左岸与右岸、河内与河外、洪涝与干旱等自然元素，和开发与保护、生产与生态、生活与生态、物质与文化、行政区域与流域单元等社会元素之间，存在着错综复杂、纵横交织的博弈关系，使得水治理成为现代社会治理中最为复杂的方面之一。中国特色社会主义进入新时代，以节约资源、保护环境、生态优先、绿色发展为主要内容的生态文明建设，对包括水资源、水生态、水环境、水灾害等内容的现代水治理提出了更高目标要求。

现代水治理的关键是综合性与整体性。山水林田湖草之间相互依存、有机联系。实现治水的综合性，就要突破就水治水的片面性，立足山水林田湖草这一生命共同体，统筹兼顾各种要素、协调各方关系，把局部问题放在整个生态系统中来解决，实现治水与治山、治林、治田等有机结合，整体推进。治水的整体性要求：把握区域均衡、全域统筹、科学调控，改变富水区资源流失和缺水区资源匮乏的不合理现象，实现资源区域均衡利用。自然界的淡水总量是大体稳定的，但一个国家或地区可用水资源有多少，既取决于降水多寡，也取决于盛水的“盆”大小，这个“盆”指的就是水生态。要遵循人口资源环境相均衡的客观规律，坚持经济效益、社会效益、生态效益有机统一的辩证关系，科学把握水资源分布和使用的均衡性，包括区域均衡、季节均衡、时空均衡等，实现区域水生态整体良性循环。科学实施水系连通，构建多元互补、调控自如的江河湖库水系联通格局，采用工程蓄水、湿地积存、湖泊吸纳、林草涵养等措施，增强区域防汛抗旱和水资源时空调控能力。

现代水治理的核心是调整人的行为、纠正人的错误行为。在现代水治理中调整人的行为和纠正人的错误行为，必须牢牢把握好水利改革发展的主调，形成水利行业强监管格局。诸多水问题产生的根源，既有经济发展方式粗放和一味追求GDP数量增长等原因，也有治水过程中对社会经济关系调整不到位，行业监管失之于松、失之于软等原因。解决复杂的新老水问题，必须全面强化水利行业监管，必须依靠强监管推动水利工作纲举目张，适应新时代要求。在为用水主体创造良好的条件和环境的同时，有效监管用水的行为和结果；在致力于完善用水和工程建设信用体系的同时，重视对其监管体系的建设，维护合理高效用水和公平竞争秩序；在建立并严格执行规范的监管制度的同时，不断开拓创新，改革发展新的监管方式和措施；在实施水利行业从上到下的政府监管的同时，推动水利信息公开，充分发挥公众参与和监督作用。通过水利强监管调整人的行为和纠正人的错误行为，全面实现江河湖泊、水资源、水利工程、水土保持、水利资金等管理运行的规范化、秩序化，对于违反自然规律的行为和违反法律规定的行为实行“零容忍”，管出河湖健康，管出人水和谐，管出生态文明。

现代水治理的策略是政府主体与市场主体协同发力。生态环境问题，归根结底是资源过度开发、粗放利用、奢侈消费造成的。资源开发利用既要支撑当代人过上幸福生活，也要为子孙后代留下生存根基。要解决这个问题，就必须在转变资源利用方式、提高资源利用效率上下功夫。要树立节约集约循环利用的资源观，实行最严格的耕地保护、水资源管理制度，强化能源和水资源、建设用地总量和强度双控管理；要更加重视资源利用的系统效率，更加重视在资源开发利用过程中减少对生态环境的破坏，更加重视资源的再生循环利用，用最少的资源环境代价取得最大的经济社会效益。水资源节约集约利用是全面促进资源节约集约利用的主要组成。我国水资源的总体利用效率与国际先进水平存在一定的差距，水资源短缺已成为生态文明建设和经济社会可持续发展的瓶颈。要站在水资源永续发展和加快生态文明建设的战略高度认识节约用水的重要性，坚持节水优先、绿色发展，大力发展节水产业和技术，大力推进农业节水，实施节水行动，把节水作为水资源开发、利用、保护、配置、调度的前提和基础，进一步提高水资源利用效率，形成全社会节水的良好风尚。

现代水治理的精髓是塑造中华水文化。调整人的行为和纠正人的错误行为除了监管、法治的刚性约束外，还需要充分发挥水文化的塑造功能。一是法律、法规、条例、规章、制度办法等强制性行为规范，这些都是水文化中制度文化功能的集中体现，不仅规范从事水事活动人们的行为，而且要求全社会的人都要共同遵守。二是人们遵循长期以来在水事活动中形成的基本道德、习惯、行为准则及对水和水利的价值判断标准，这是一种情感、意识的内在强制性的规范功能。在现代水治理中，调整人的行为和纠正人的错误行为，需要多措并举，除了严格法律规制、加强政策引导，还要通过塑造主流的精神文化和开展多种形式的宣传教育等方式，对良好的行为加以倡导，对不良的行为加以鞭笞。在传承原有“献身、负责、求实”的水利行业精神基础上，按照新时代水利改革发展的新要求，从对党忠诚、清正廉洁、勇于担当、科学治水、求真务实、改革创新等方面，打造新时代水利行业新精神；通过加强宣传教育，形成全社会爱水、节水、护水的良好氛围。

总之，在深入贯彻“节水优先、空间均衡、系统治理、两手发力”的治水思路，加快推进水利治理体系和治理能力现代化，不断推动“水利工程补短板、水利行业强监管”总基调的新时代，水利工作者理应肩负起为水利事业改革与发展贡献力量的重任，为夺取全面建成小康社会伟大胜利、实现“两个一百年”奋斗目标提供坚实的水利支撑和保障。组织编写“现代水治理丛书”，对华北水利水电大学而言，既是职责所系，也是家国情怀，更是责任与使命。华北水利水电大学是一所缘水而生、因水而兴的高等学府，紧跟时代步伐，服务于国家水资源管理、水生态保护、水环境治理、水灾害防治，是“华水人”矢志不渝的初心；坚持务实水利精神，致力于以水利学科为基础、多学科深度融合的现代水治理研究，是“华水人”义不容辞的担当。近年来，学校顺应国家战略及水利事业改革与发展的需要，先后成立“河南河长学院”“水利行业监管研究中心”“黄河流域生态保护与高质量发展研究院”等研发单位，组织开展了一系列专题及综合研究，并初步形成了“现代水治理丛书”“国际水治理与水文化译丛”等成果。“现代水治理丛书”包括《现代水治理与中国特色社会主义制度优势研究》《现代水利行业强监管前沿问题研究》《现代水治理中的行政法治研究》《现代城市水生态文化研究——以中原城市为例》《现代生态水利项目可持续发展——基于定价的PPP模式与社会效益债券协同研究》5册。这套丛书在政治学、管理学、法学、经济学等学科与中国水问题的交叉融合研究上进行了有益探索，不仅从行政管理层面丰富了我国水治理理论，而且为我国水利事业改革发展实践提供了方案及模式参考，更是华北水利水电大学服务于黄河流域生态保护与高质量发展国家战略的时代担当。

是为序。

中国科学院院士 夏军

2020年6月

前言

水利部部长鄂竟平在2019年全国水利工作会议上强调，准确把握当前水利改革发展所处的历史方位，清醒认识治水主要矛盾的深刻变化，加快转变治水思路和方式，将工作重心转到“水利工程补短板、水利行业强监管”上来。这是当前和今后一个时期水利改革发展的总基调，而“水利行业强监管”又是重中之重。因此，以水利行业强监管为命题进行研究具有深远的理论和实践价值。

水利行业强监管，强在监管力度、监管范围以及监管程序，其强监管主体应以各级水利部门为主，同时纳入非政府组织、企业、社区与公民个人力量，将“看得见的手”与“看不见的手”有机结合，形成合力，强化监管力度；应坚持“节水优先、空间均衡、系统治理、两手发力”方针，对江河湖泊、水资源、水利工程、水土保持、水利资金和行政事务工作等六类客体进行全面监管，厘清监管边界，划定监管范围；其强监管内容是健全监管流程，强化风险意识，结合公共治理相关理论，做到事前有序规划、事中科学决策、事后强化问责，使监管程序进一步规范。本书主要内容可概括为6个部分。

（1）水利行业强监管的支撑理论研究。首先在深刻领会“节水优先、空间均衡、系统治理、两手发力”的新时代治水方针，充分理解水利部鄂竟平部长提出的“水利工程补短板、水利行业强监管”新时代水利改革与发展总基调的基础上，从水利行业强监管的单位、维度、立足点3个方面对水利行业强监管的概念及其内涵进行阐释；其次，从水利行业强监管的理论、实践、制度逻辑视角，进一步解释中国特色水利行业强监管理论的脉络、实践现状及制度规范等，为深入研究其模式创新寻求理论支撑。

（2）水利行业强监管的现状、成效与问题研究。该研究主要针对鄂竟平部长提出的江河湖泊监管、水资源监管、水利工程监管、水土保持监管、水利资金监管、行政事务监管等主要内容，并对六个方面强监管已经取得的成效、存在的问题及问题成因等进行归纳、整理与分析，为进一步明晰新时代水利行业强监管思路奠定基础。

(3) 水利行业强监管思路研究。水利行业强监管主体不仅包括政府及其职能部门，而且还包括企业、社会组织、公民个人；强监管客体不仅包括三峡工程、南水北调、小浪底等大型的水利工程，而且还包括河、塘、沟、渠等微小水体；不仅包括有形的生态水利工程，而且还包括规范人的行为、纠正人的错误行为。基于强监管主体、客体、内容的复杂性，提出水利行业强监管的总体思路是：硬监管与软监管相结合、协监管与元监管相结合、微监管与智监管相结合，在整体思路明晰的基础上，针对强监管的每类客体提出强监管六个方面的具体强监管措施。

(4) 水利行业强监管的体系构建研究。水利行业强监管是一个涉及社会安定、人民福祉的民心工程、复杂系统工程，其强监管的基本原则是：坚持党的集中统一领导、坚持人民为中心、坚持依法监管、坚持多元主体协同等。在基本原则指导下，本书提出了“1、4、8、1”强监管体系构建思路，即1个目标：以人民为中心；4个子体系：依法监管、系统监管、智慧监管、精准监管；8种能力：党的统筹全局能力、政府监管能力、市场监管能力、社会监管能力、公共服务能力、环境治理能力、教育宣传能力、风险治理能力；1个机制：水利行业强监管评价机制。

(5) 水利行业强监管网络化治理模式研究。在对网络化治理范式的内涵与核心要素进行阐释的基础上，从根本因素、能力因素、现实因素、外在因素四个维度对影响水利行业强监管网络化治理范式构建的价值理念、主体多元化、客体多样性、介体复杂性等进行深入剖析；进而对水利行业强监管网络化治理范式的价值理念碎片化困境、主体多元化协调困境、客体棘手化内在困境、介体复杂化外在困境等进行分析；最后，提出水利行业强监管网络化治理范式的实现路径为：价值理念重构与全面转型、实现主体协商与机制共振、提升对复合型客体的监管能力、提高对介体复杂性的适应力等。

（6）水利行业强监管的对策与建议。首先分类施策，在水利行业高层中实施强监管思想大讨论，针对中层与基层人员进行政策解读、能力提升等培训，对广大社会公众广泛开展水利行业强监管的基本知识及重要性宣传；其次，加大水利行业违法乱纪案件的处罚力度，理顺法律与部门规章之间、不同部门规章之间的衔接；再次，加强组织机构及人事队伍组建，以提升水利行业强监管的投入，充分发挥元监管、智监管、协监管等优势，加大对县乡级水利行业强监管的专项经费支持；最后，积极营造社会大监管氛围，为水利行业强监管创造条件。

本书的主要观点：水利行业强监管是一个复杂的系统工程，需要从宏观、中观、微观视角共同发力，营造社会大监管氛围；水利行业强监管是一个中国特色的时代命题，不能完全照搬国外监管理论，应该在汲取先进经验的基础上，形成我国水利行业强监管的理论体系；水利行业强监管必须坚持中国特色社会主义制度优势，发挥党统筹全局的能力，集中力量办大事；水利行业强监管必须坚持以人民为中心原则，将水利产品与服务活动分为公益性、准公益性、非公益性三种类型，精准施策。

本书的学术创新：界定水利行业强监管概念与内涵是本书的基础。通过文献梳理，从理论、实践、制度三个维度对水利行业强监管的概念与内涵进行阐释；尝试提出了水利行业强监管网络化治理模式，并对其核心要素、制约困境、影响因素、破解路径等进行研究；本书致力于构建水利行业强监管网络化治理模式的模型，实现定性与定量有机结合，充分阐释网络化治理模式的适应性、科学性、合理性等。

本书的理论与实践价值：本书从水利行业强监管支撑理论研究入手，深入剖析新时代水利行业强监管的概念及内涵，并从理论、实践、制度三个逻辑维度分析水利行业强监管的现状、存在的问题及其成因，致力于构建其科学、合理、且符合中国实际的水利行业强监管体系，在此基础上提出我国水利行业强监管网络化治理模式，构建其社会网络化治理模式模型，以期为政府及其职能部门制定强监管政策提供理论参考。

本书的应用价值：水利行业强监管既是一个理论命题，也是一个实践命题，本书坚持适应水利矛盾变化、破解新时期水利问题的现实需要，坚持化解社会风险与危机治理等现实需要，提出水利行业强监管的对策、意见和建议。

本书是河南省高等学校哲学社会科学应用研究重大项目“PPP模式与社会效益债券协同理论及应用研究”（2017－YYZD－04）和河南省社科规划项目“民营资本参与流域生态治理的战略设计与实践模式研究”（2020JJX26）的研究成果。

有兴趣打开此书的读者，大多是情系水利、志在探索水利问题的同仁，尽管有心为水利事业尽点微薄之力，但因时间、精力和能力有限，研究中难免存在诸多缺憾，敬请读者不吝赐教，非常感谢您提出宝贵意见和建议。

作者

2020年7月9日

目录

第1章

绪　论

1.1　选题背景、研究意义及研究问题

1.1.1　选题背景

2014年3月14日，中央财经领导小组召开第五次会议，就保障水安全问题，从党和国家事业发展全局的战略高度，精辟论述了治水对民族发展和国家兴盛的重要意义，提出“节水优先、空间均衡、系统治理、两手发力”的新时代治水方针，具有很强的思想性、理论性和实践性，为推进新时代水利改革发展指明了方向。因此，鄂竟平部长在2019年全国水利工作会议上强调，准确把握当前水利改革发展所处的历史方位，清醒认识治水主要矛盾的深刻变化，加快转变治水思路和方式，将工作重心转到水利工程补短板、水利行业强监管上来，这是当前和今后一个时期水利改革发展的总基调，而水利行业强监管又是重中之重。

1.1.1.1　破解新时期水问题需要强监管

我国历史上的水问题主要是降水时空分布不均带来的洪涝干旱灾害，治水的主要路径是依靠工程与科技手段，除水害、兴水利，与大自然作斗争。由于人们长期以来对经济规律、自然规律、生态规律认识不够，发展中没有充分考虑水资源、水生态、水环境的承载能力，造成水资源短缺、水生态损害、水环境污染的问题不断累积、日益突出；水资源无序开发、地下水严重超采、侵占水域岸线导致湖泊萎缩甚至河道断流等等。水资源、水生态、水环境方面的问题主要源自人类的破坏性行为，因此破解新时期水问题，必须依靠“水利行业强监管”来调整人的行为、纠正人的错误行为，促进人与自然和谐发展。

1.1.1.2　适应治水矛盾变化需要强监管

当前，我国综合国力显著增强，人民生活水平不断提高，对美好生活的向往更加强烈、需求更加多元，已经从低层次上“有没有”的问题，转向了高层

次上“好不好”的问题。社会主要矛盾的变化要求我们在继续推动发展的基础上，着力解决好发展不平衡、不充分的问题，大力提升发展质量和效益。就水利而言，过去，人们对水的需求主要集中在防洪、饮水、灌溉；现阶段，人们对优质水资源、健康水生态、宜居水环境的需求更加迫切。相较于人民群众对水利新的更高需求，水利事业发展还存在不平衡和不充分的问题。扭转这一被动局面，需要全面加强水利行业监管，使水资源、水生态、水环境真正成为刚性约束。

1.1.1.3 践行十六字治水方针需要强监管

“节水优先、空间均衡、系统治理、两手发力”字字千钧，每一句话都有丰富内涵和明确要求。节水优先，既要采取必要的节水工程措施，更要全面加强对水资源取、用、耗、排行为的动态监管，推动用水方式由粗放向节约、集约转变；空间均衡，核心就是要坚持以水定需，根据可开发利用的水资源量，合理确定经济社会发展结构和规模；系统治理，既要实施一些必要的工程措施，强化流域综合整治，促进生态系统修复，更要通过对水资源、水生态、水环境的系统监管，在水资源开发利用配置调度时统筹考虑其他生态要素；两手发力，就是要发挥好政府与市场在解决水问题上的协同作用。可以看出，贯穿十六字治水方针的一条主线就是要调整人的行为、纠正人的错误行为，具体到治水工作中就是要加强水利行业强监管。

1.1.1.4 风险社会与危机治理需要强监管

当今，人类已经进入风险社会。无处不在、无时不在的风险呼唤着有力且有效的监管。根据《中华人民共和国突发事件应对法》，常见的突发事件可以分为自然灾害、事故灾害、公共卫生事件、社会安全事件。洪水、水利工程建设、水环境安全等突发事件，若没有得到及时的监管控制，则容易演化成公共危机，单一的危机又会衍生出次生危机，如水利工程建设若存在安全隐患，则会对政府公信力造成影响，形成公众与政府之间的对立。风险是由致灾因子和脆弱性共同决定的，我们一方面要实施减缓工程，降低社会系统的脆弱性；另一方面又要着眼未来可能发生的危机，提高全社会的弹性。反映在水利行业中，就是强化监管力度，减少水资源浪费、水污染事件、水利工程安全事故发生的频率，降低危机发生的致灾因子；同时，监管主体形成合力，完善事前规划、事中决策、事后评估一系列监管体制，降低水利行业发展的脆弱性，增强韧性。

破解我国新老水问题，适应治水主要矛盾变化，践行“节水优先、空间均衡、系统治理、两手发力”十六字治水方针，以及加强风险社会与危机治理的需求，要求我们必须大力推行水利行业强监管。

1.1.2 研究意义

1.1.2.1 有利于落实党中央的治水重要思想

水是生命之源、生产之要、生态之基，在整个生态链中属于核心因子、控制性要素。如果没有水，整个生态链就会断裂、消亡。党的十八大以来，党中央把生态文明建设作为统筹推进“五位一体”总体布局和协调推进“四个全面”战略布局的重要内容，开展了一系列根本性、开创性、长远性的工作，推动生态环境保护发生了历史性、转折性、全局性变化。在战略定位上把治水作为生态文明建设的重要内容，提出了“治水即治国”的思想，强调治水对中华民族生存发展和国家统一兴盛至关重要，要从全面建成小康社会、实现中华民族永续发展的战略高度，重视解决好水安全问题。在治水思路上强调山水林田湖草是一个生命共同体，治水要统筹自然生态的各个要素，要用系统论的思想方法看问题，统筹治水和治山、治水和治林、治水和治田。在措施方法上从人与自然和谐共生、加快推进生态文明建设的战略高度，作出了全面推行河长制的重大决策部署，破解了我国新老水问题，保障了国家水安全。在 2014 年 5 月中央领导对河南省的视察指导中，把加强基础能力建设作为“四张牌”之一，强调既要重视大型水利工程这样的“大动脉”，也要重视田间地头的“毛细血管”。2015 年 2 月，中央财经领导小组第九次会议上指出，要转变治水思路，按照“节水优先、空间均衡、系统治理、两手发力”的方针治水，统筹做好水灾害防治、水资源节约、水生态保护修复、水环境治理。党的十九大把水利摆在九大基础设施网络之首，再次凸显了水利建设的重要性。党中央的生态文明思想有着丰富的科学内涵，蕴含着战略思维、系统思维、辩证思维和创新思维，深刻回答了新时代生态文明建设和生态环境保护一系列重大理论和实践问题，是推进生态文明、建设美丽中国的强大思想武器，为做好水利工作提供了根本遵循，是我们今后一个时期治水兴水工作的行动指南。因此，加强新时代水利行业强监管研究，是落实党中央治水重要思想的逻辑考量。

1.1.2.2 有利于推动我国经济高质量发展

绿水青山就是金山银山，保护环境就是保护生产力，改善环境就是发展生产力。新时代水利行业强监管是推动高质量发展的支撑和保障。加强新时代水利行业强监管研究，通过高效利用水资源，着力提高水资源要素与其他经济要素的适配性、水利发展与经济社会发展的协调性，就能更好地推动我国的可持续发展。强化水污染防治，充分发挥水资源管理的刚性约束作用，能够倒逼产业结构调整、产业转型升级和区域经济布局优化，推动循环经济、绿色经济和低碳经济发展。同时，水生态环境的改善，又能提升一个地方的形象，尤其是发展环境的吸引力和竞争力会大大增强。

1.1.2.3 有利于加强水利行业的改革和发展

解决当前复杂的新老水问题，必须全面强化水利行业监管。改革开放40年来，我国经济实现了年均9.5%的高速增长，经济总量跃居世界第二，GDP占全世界的15%左右。但是长期以来高投入、高消耗、高排放、低产出带来了一系列资源、环境和生态问题，水资源短缺、地下水过度开采、河湖湿地萎缩、入河湖废污水超标准排放、水污染事件频发等水问题越来越突出。这些问题日益成为经济社会可持续发展的制约瓶颈，甚至影响到我国社会主义现代化建设的进程。深入分析这些问题产生的根源，既有经济发展方式粗放和一味追求GDP数量增长等原因，也有治水过程中对社会经济关系调整不到位、行业监管失之于松、失之于软等原因。因此，加强新时代水利行业强监管的研究，有助于适应经济新常态和绿色、协调新发展理念要求，满足人民日益增长的对美好水资源、水生态、水环境的需求，必须把强化水利行业监管摆在突出位置，有效调整人的行为，纠正人的错误行为，促进发展方式和用水方式转变，统筹解决复杂而突出的新老水问题。

1.1.2.4 有利于满足人民对美好生活的向往

水与人民群众的生命健康、生活质量、生产发展息息相关，是最重要的公共产品、最普惠的民生福祉。随着新时代我国社会主要矛盾发生深刻变化，人民群众对良好生态环境的需求越来越高，对治水的关注度、期望值也越来越大。从饮水安全看，喝上更加安全稳定优质的放心水，是城乡居民共同的期盼。对此，必须牢牢守住饮水安全的底线，决不能发生任何水污染事件。从防灾减灾看，我国由于水资源时空分布严重不均衡，大涝大旱、先涝后旱、既涝又旱、旱涝急转的现象时有发生。从生活环境看，仁者乐山、智者乐水。有了水，城市就多了活力，乡村就添了灵性，而城市里的黑臭水体、乡村里的干涸坑塘，都是群众心中的痛。从水为人所用到人水相亲，人们的思想观念和生活方式正在加快转变，河畅、水清、岸绿、景美是群众所思所盼。因此，加强新时代水利行业强监管的研究，有助于党和政府着力解决水利发展不平衡不充分问题，念好水字经、做好水文章，用心呵护好身边的每一条河流、每一方湖面，让广大群众在近水、亲水、观水、玩水中增强获得感和幸福感。

1.1.2.5 有利于建立科学的水治理体系

水治理体系和水治理能力现代化，是新时代水利改革发展的重要目标，其核心是水治理体系。科学的水治理体系，既要有完备的水治理制度，又要有良好的制度执行能力，二者缺一不可。伴随着我国推进依法治国，一大批水法规相继出台，各项水事活动基本有法可依。但相对于水法规制度体系而言，我们在水治理机制构建和制度执行上，在依法治水、贯彻执行党和国家有关涉水政策措施上，还存在着不少薄弱环节和突出短板。当前我国面临的诸多复杂水问题，从形式上表现为水危机，本质上却是水治理的危机，突出反映在水治理的执行能力和执行效果与目标要求有差距，表现在水治理体制机制与“调整人的行为、纠正人的错误行为”的治水思路不适应。因此，加强新时代水利行业强监管研究，有助于政府应对水治理危机，必须转变治水思路，进一步健全水利法制法规和水治理体制机制，特别是要建立起强有力的水利行业监管体系，推动新时代水治理体系和水治理能力现代化建设。

1.1.3 研究问题

水利行业强监管是深入贯彻党中央新时代中国特色社会主义思想和党的十九大精神，是积极践行“节水优先、空间均衡、系统治理、两手发力”治水方针的必然结果，但要实现水利行业强监管从理论到实践的蝶变，还需要解决如下一系列问题。

1.1.3.1 研究问题1：明确水利行业强监管的内涵与外延

在十六字治水方针中，节水优先必须搞清楚节水的内涵和外延、优先的对象和尺度；空间均衡必须搞清楚当地都有哪些水可以利用，必须搞清楚对水的需求是什么，哪些是合理的需求、刚性的需求，要予以保证，哪些是不合理的需求要予以遏制；系统治理依靠监管，推动在治山、治林、治田、治草过程中落实治水要求，促进生态系统各要素和谐共生；两手发力，就是要发挥好政府与市场在解决水问题上的协同作用，落实两手发力，无论是依靠政府的法规、政策、制度、税收等手段，还是利用市场的价格、竞争等机制，都要通过监管来引导调整人的行为、纠正人的错误行为，确保人们依照政府规则和市场规律办事。十六字治水方针分别提到主体、客体、要素的明确，因此十六字治水方针思想指导下的水利行业强监管的实施也必须明确强监管的主体、客体与要素。

1.1.3.2 研究问题2：水利行业强监管的重点问题

十九大报告中指出中国特色社会主义进入新时代，我国社会主要矛盾已经转化为人民日益增长的美好生活需要和不平衡不充分的发展之间的矛盾。这种转变也体现在水利行业中，人们对优质水资源、健康水生态、宜居水环境的需求更加迫切。但是，相较于人民群众对水利行业发展更高需求，水利事业发展还存在四个不平衡和四个不充分的问题。四个不平衡：一是经济社会发展与水资源供给能力不平衡，水资源供需矛盾突出；二是生活生产生态用水需求与水资源水环境承载能力不平衡，水资源需求的结构性矛盾突出；三是水资源开发利用与其他生态要素保护不平衡，开发与保护矛盾突出；四是水利基础设施区域、城乡布局不平衡，东中西部和城乡水利矛盾突出。四个不充分：一是水资源节约利用不充分；二是水资源配置不充分；三是水量调度不充分；四是水市场发育不充分。这些不平衡不充分的问题，首先在于自然条件、资源禀赋、发展阶段制约；其次包括水利工程体系建设不健全，防洪、供水等保障能力有待提高；更重要的是水文化发展滞后，与水相关的思想意识，价值观念陈旧，水利监管失之于宽松软，用水浪费、过度开发、超标排放、侵占河湖等错误行为未被及时叫停，有的地方甚至愈演愈烈。

综上，我国治水的主要矛盾已经发生深刻变化，从人民群众对除水害兴水利的需求与水利工程能力不足的矛盾，转变为人民群众对水资源、水生态、水环境的需求与水利行业监管能力不足的矛盾。其中，前一矛盾尚未根本解决并将长期存在，而后一矛盾已上升为主要矛盾和矛盾的主要方面。问题的解决必须从主要矛盾入手，抓住矛盾的主要方面。因此，要从制度维度、行为维度、风险维度、治理维度去看待强监管的重点问题。

1.1.3.3 研究问题 3：水利行业强监管的实施路径与措施

水利行业强监管是新形势新任务赋予水利工作的历史使命，也是一项涉及面广、触及矛盾深、工作量大、政策性强的系统工程。既要对水利工作进行全链条的监管，也要突出抓好关键环节的监管；既要对人们涉水行为进行全方位的监管，也要集中发力重点领域的监管。就当前来看，要重点抓好六个方面的监管：江河湖泊、水资源、水利工程、水土保持、水利资金、行政事务工作。

从目前水利行业监管看，与经济社会发展要求相比还有很大差距，存在四个“不适应”。一是监管的思想认识不适应。重建轻管的观念在不少地方还没有根本扭转，一些地方热衷于争投资、上项目、搞建设，对水资源管理、河湖水域岸线管理、工程运行维护管理重视不够、办法不多、用力不深。二是监管的制度标准不适应。一些领域还存在立法空白，不少规章规程规范标准已颁布实施多年，难以适应当前形势和工作要求，缺少与时俱进的修订。节水标准、用水定额、生态流量、地下水管理等方面的基础工作滞后，缺乏可计量、可考核的具体指标。三是监管的能力手段不适应。用水计量监测设施、水文基础设施、水利信息化建设等相对薄弱，基础数据不全、家底不清，动态性、实时性信息欠缺，用水总量控制、取水许可限批等难以有效落实。四是监管的机构队伍不适应。统一高效的监管体制机制尚未形成，“查、认、改、罚”各环节工作有效衔接不够，使得一些领域出现了问题没有及时被发现，发现的问题没有整改到位，即便整改也没有做到举一反三，事后追责问责力度不够、警示震慑效力不强。如何使强监管掷地有声，需要完善配套法制、机制、体制，抓好落实，制定好强监管的路线图、时间表、任务书，将水利改革发展的总基调变为实实在在的工作成果。

1.2 研究内容、研究方法及技术路线

1.2.1 研究内容

本书以新时代中国特色社会主义思想为指导，以“创新、协调、绿色、开放、共享”为理念，注重问题意识与现实意识相结合，主要研究内容如下：

（1）通过对国内主要流域监管问题的实证归纳总结，并与发达国家在水利行业监管体系上进行比较分析，对中国水利行业强监管中存在的一系列现实问题进行归纳、总结和概括。

（2）对中国水利行业强监管的科学内涵、价值取向、差异化实证分析、瓶颈障碍等进行系统研究，形成新时代具有中国特色的水利行业强监管理论和监管思路。

（3）分析水利行业强监管制度框架下监管法制体制、监管职能体系、监管机构机制等方面存在的薄弱环节和深层次原因，深入分析在国家治理体系和治理能力现代化推进要求下水利行业强监管面临的新形势新挑战。

（4）提出在监管法制体制完善、监管职能体系健全、监管机构机制建设方面强化水利行业强监管的目标、思路、措施和政策建议，助力推进中国水利行业强监管改革的历史进程。

1.2.2 研究方法

（1）案例研究法。水利行业强监管现实困境的研究难点在于无法设计准确、直接又具系统性控制的变量，因此选择长江流域与黄河流域的水利行业强监管体系为对象，系统地收集数据和资料，进行深入的研究，用以探讨水利行业强监管在现实中的状况，回答“为什么变成这样”“如何改变”的问题。

（2）比较研究法。比较研究法就是对物与物之间、人与人之间的相似性或相异程度的研究与判断的方法。比较研究法可以理解为是根据一定的标准，对两个或两个以上有联系的事物进行考察，寻找其异同，探求普遍规律与特殊规律的方法。在分析我国水利行业监管存在问题时，我们对比分析国外水利行业监管的案例，以期相互借鉴。

（3）问卷调查法。河南河长学院是2018年12月1日河南省水利厅与华北水利水电大学联合成立的，是集培训、科研、教学、咨询、评估为一体的综合平台，其宗旨是立足河南、面向华北、辐射全国，打造河长充电家园、智库高地。2019年河南河长学院开展培训22期，培训河长3864名，借助河南河长学院平台，开展了本书的问卷调查。

1.2.3 技术路线

本书坚持实践—理论—再实践的研究思路，如图 1.1 所示，采用背景研究—问题提出—概念研究—基本问题研究—模式提出—意见建议的研究脉络，对现代水利行业强监管的发展历史、现今状况、努力方向等进行较为系统、深入、全面研究。

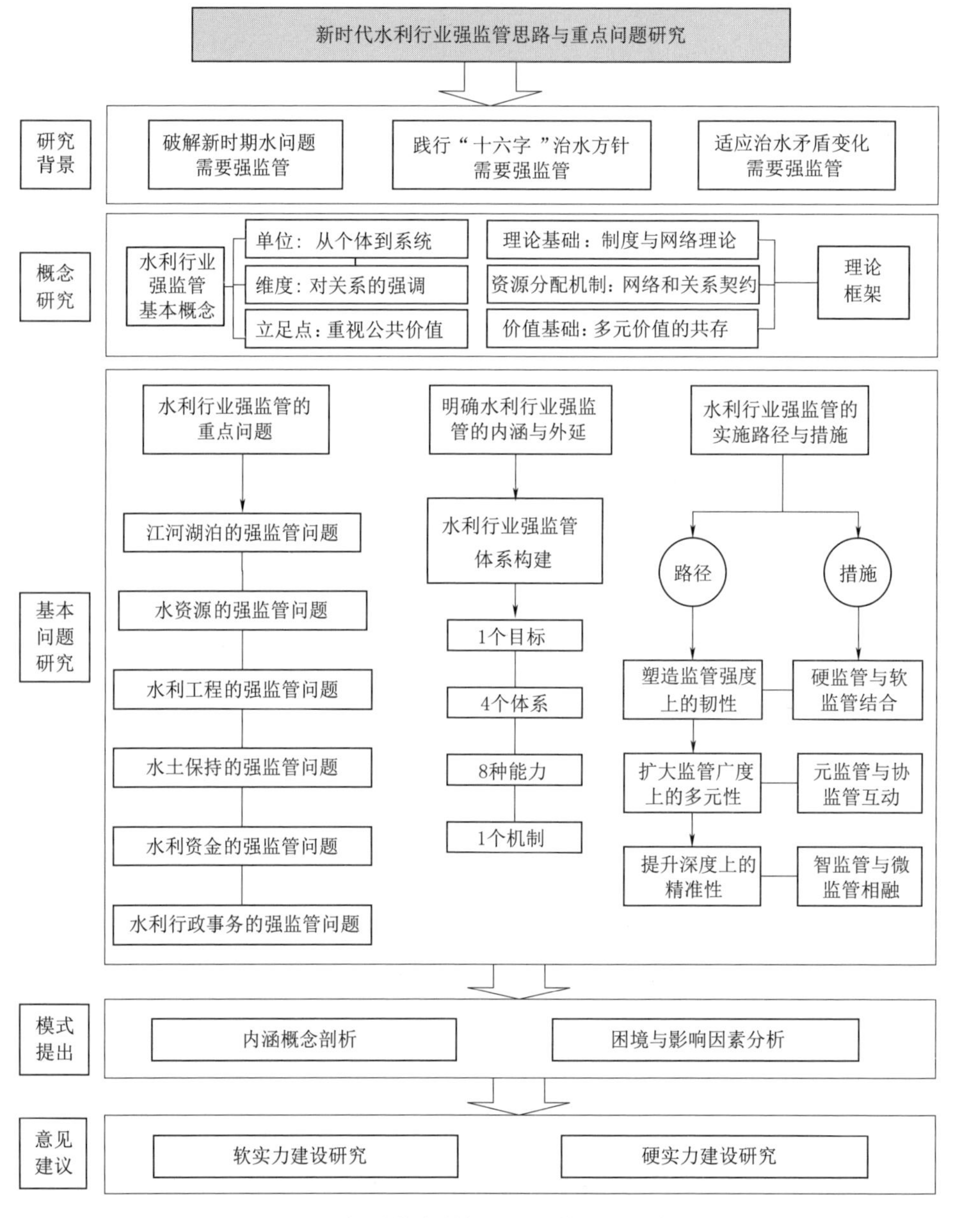

图 1.1 新时代水利行业强监管研究思路图

第 1 章，绪论。首先阐述水利行业强监管提出的政治、经济、文化背景以示其推行的必要性，对水利行业强监管的重点问题进行初步说明，进而明确水利行业强监管的重点研究问题，即水利行业强监管的概念、目前水利行业强监管的困境、水利行业强监管的完善建议，并对文章所用的研究方法、研究目标与路径进行开篇统领的介绍。

第 2 章，水利行业强监管的理论研究。在这一部分整理国内外对于水利行业强监管的研究现状，具体包括概念的整理与实施路径的探析。在概念明晰方面，从公共管理范式转移的角度，整理国内外目前对"监管""强监管"的研究成果。在水利行业强监管实施路径探析中，因该议题具有中国特色且具有鲜明时代特征，所以目前在国内外并没有较多关于水利行业强监管重点问题与思路的研究，不过这也再次验证了本研究填补目前研究的空缺，具有很强的现实与理论意义。为解决这个问题，我们依照鄂竟平部长关于水利行业强监管的六个主要方面，即对江河湖泊、水资源、水利工程、水土保持、水利资金、行政事务工作的监管，从这六个方面逐个击破，旁征博引国内外实践做法，总结水利行业强监管形成的逻辑。

第 3 章，水利行业强监管的研究现状、成效与问题。依次围绕"江河湖泊、水资源、水利工程、水土保持、水利资金、行政事务工作"六个强监管方面，总结面临的新形势、新问题和新挑战；系统分析研究国家治理体系和治理能力现代化的要求对水利行业强监管体系的影响机理，并对当前水利强监管存在的现实问题、薄弱环节、深层次成因、执行障碍等进行理论化表达；正确认识水利行业与监管体制发展历史进程中的矛盾。

第 4 章，水利行业强监管的思路。水利行业强监管，强在监管力度、监管范围以及监管程序。首先，监管主体以各级水利部门为主，同时纳入非政府组织、企业、社区与公民个人力量，"看得见的手"与"看不见的手"有机结合，形成合力，强化监管力度；其次，以"节水优先、空间均衡、系统治理、两手发力"的方针，对江河湖泊、水资源、水利工程、水土保持、水利资金和行政事务工作等六方面进行全面的监管；最后，健全监管流程，强化风险意识，结合公共危机相关理论，做到事前有序规划、事中科学决策、事后强化问责。本部分将涉及如何将水利行业强监管主体从过去单一主体、单一区域的传统监管转向多主体、跨区域的多维动态监管之上，监管流程从过去的重灾害治理转向事先预防、源头治理、系统治理之上，从过去僵化的行政指标考核转向水环境治理与行业发展相统一的绩效评估体系之上的强监管思路。

第 5 章，水利行业强监管的体系构建。建立科学的水治理体系，必须全面强化水利行业监管。水治理体系和水治理能力现代化，是新时代水利改革发展的重要目标，其核心是水治理体系。科学的水治理体系，既要有完备的水治理制度，又要有良好的制度执行能力，两者缺一不可。当前我国面临的诸多复杂水问题，从形式上表现为水危机，本质上却是水治理的危机，突出反映在水治理的执行能力和执行效果与目标要求有差距，表现在水治理体制机制与“调整人的行为、纠正人的错误行为”的治水思路不适应。因此，应对水治理危机，必须转变治水思路，进一步健全水利法制法规和水治理体制机制，特别是要建立起强有力的水利行业监管体系，推动水治理体系和水治理能力现代化建设。

第 6 章，新时代水利行业强监管的网络化治理模式研究。水利行业强监管的提出符合新时代中国特色社会主义思想，是指导未来水利行业行为的科学理论，对概念的内涵与外延进一步明晰界定并形成完善的理论体系与框架，才能实现水利行业强监管理论的蝶变。网络化治理作为一种新的水利行业监管模式，肩负着克服统治型水利行业监管模式与管理型水利行业监管模式治理失灵的历史任务，逐渐得到世界上很多国家和地区水利行业监管实践的验证。对水利行业监管来说，通常会面临价值碎片化、主体多元化、客体棘手化以及介体复杂化等四重困境，破解上述困境需要打破传统治理型监管模式、管理型监管模式的局限，进而实现公共价值建构、要素合理流动、主体多元互动，这正是网络化治理模式的优势和精髓。

第 7 章，水利行业强监管的意见与建议。“问题”是现实状态与理想状态之间的距离，“措施”就是将现实状态拉近到理想状态的工具。水利行业要实现强监管局面，跨过理想与现实之间的距离，需要找寻设计一套合理的工具体系，构建完善能够支撑水利行业强监管的机制、体制、法制体系。

1.3 研究的创新之处

水利行业强监管理论框架体系得到进一步完善。当前对强监管的研究，无论是国外还是国内，都停留在较浅层面，甚至概念上的描述都没有达成共识，更鲜有用强监管对现实问题的分析，这就间接造成了理论框架的缺失。理论框架的形成必须不断和实践相结合，经历组建、修缮、重构的不断循环。把强监管运用到水利行业当中，构建出一个“结果和过程的强监管”“监管者的确定”“强监管政策工具”这样一个问题解决的理论分析框架。本书的创新之处体现在：规范了水利行业强监管的基本概念；研究了水利行业强监管的支撑理论；探究了水利行业强监管的基本思路及其体系构建；提出了水利行业强监管的网络化治理模式；总结归纳出典型的水利行业强监管实践模式。

第 2 章

水利行业强监管的理论研究

本章主要从水利行业强监管的基本概念研究入手，从不同视角剖析水利行业强监管的内涵与外延，在此基础上，从理论、实践、制度逻辑三个维度对水利行业强监管的理论演变、实践发展、制度脉络等进行较为深入、系统的阐释，揭示我国新时代水利行业强监管的必要性与可行性。

2.1 水利行业强监管的概念研究

在我国治理体系与治理能力现代化建设的今天，急需中国特色的社会强监管理论指导社会大监管体系的构建。众所周知，水是生命之源，生产之要，生态之基。水利部提出新时代水利行业强监管是在党中央提出“节水优先、空间均衡、系统治理、两手发力”十六字方针后顺势之为，是完成国家使命与责任的水利担当精神。但在我国各种体制机制改革的深化期，水利行业强监管的推行和实施并非一蹴而就，需要理论方面的广泛借鉴与吸收。“强监管”不同于“监管”，主要有三个方面的变化。

2.1.1 水利行业强监管的单位：从个体到系统

无论是传统公共行政还是新公共管理，分析单位均局限于单个的组织。传统官僚制行政下的层级控制和部门分工加剧了政府内部在纵向和横向上的隔离，这种隔离导致每个层级的政府、每一个部门局限在自己的空间内，在这种管理范式下，监管只将单个层级或单个部门囊括在内，而对于系统的思考和把控则更多寄希望于顶层人员。在新公共管理中，虽然监管主体已经从一元向多元发展、系统环境从封闭走向开放、政府角色从控制走向管制，但是竞争机制的使用依然加剧了服务组织之间的隔离。在财政资源获取的压力下，单个部门更多关注自身的绩效，而不是整个系统。尽管这一时期的监管更多与战略管理相互结合，但是这种战略是建立在单个组织的基础之上，而不是整个公共服务系统。新公共管理的这种弊端可以从英国政府改革的发展轨迹中窥见一斑。从撒切尔夫人保守党时期对于强制竞争和代理机构化的大力提倡，到新工党政府最佳价值、协同服务、网络治理的强调，可以看出政府在克服新公共管理的碎片化方面所做的努力。而随着新公共治理环境下组织结构从垂直整合、横向联合向碎片化、混杂式的结构发展（这种结构与新公共管理下同质化相对较为严重的多元结构是不同的），单个孤立的“政策筒仓（policy silos）”或“服务筒仓（service silos）”向跨部门、跨领域的整合系统的转变，公共服务强监管的分析单位也应该从个体向网络或系统方面发展。

因此，从传统公共行政、到新公共管理、再到最新的新公共治理，参照治理主体从一元到多元的转变、治理维度从单一向多维的升级，水利行业强监管不仅包括系统内部自上而下的监管，也包括吸纳横向社会力量、非政府组织（NGO）、市场力量参与到整个监管体系当中，这也是强监管的第一个强，强在监管主体。

2.1.2 水利行业强监管的维度：对关系的强调

在当前新公共治理的研究背景下，关系资本（relational capital）、关系营销（relationship marketing）、关系绩效（relationship performance）、关系契约（relationship contract）、关系技能（relational skills）成为重要的学术术语。不同于传统公共行政下的等级关系、新公共管理下的管制关系或契约关系，新公共治理下的关系不仅在主体上范围更广，而且在关系性质上也更为多样。从主体方面来讲，新公共治理重视公共服务提供主体之间的网络合作关系，甚至视顾客（或服务对象）为合作生产者；从主体结成的网络关系来说，可能存在主体关系趋于平等的网络，也可能是主体地位不对等、某一组织等提到的内部产生的领导组织（lead organization）和外部产生的网络行政组织（network administrative organization）承担领导和协调角色的网络；从内在机制上来说，新公共治理下的水利行业强监管更强调合作和信任，而不是竞争和管制；从政府绩效评估的实践来看，合作、关系、信任、对话、承诺、整体等成为新的流行话语。

由于新公共治理背景下的这种强监管可以有效地降低交易成本，挖掘公共价值，获取多样资源，满足多元利益相关者的需求，最终提升整个监管网络的绩效，因此奥斯本着力提倡对关系绩效进行探索。在这些少量的研究中，Stank 等学者在借鉴服务质量概念模型的基础上对监管网络合作背景下监管绩效的构成要素进行了初步探索。他们将监管绩效解构为回应性（responsiveness）、保证性（assurance）和关怀性（empathy），并对关系绩效分别与运作绩效、成本绩效和顾客满意度的关系进行了分析。Mandell 和 Keast 认为，监管网络的关键特征在于新型关系的构建能力，应包括监管网络成员关系的紧密度、网络成员对整体绩效的承诺度、利益相关群体的融合度、网络成员的开放度以及网络内外部关键成员对网络的支持度。Ansell 和 Gash 则以间接的方式识别了影响网络成员合作监管关系绩效的因素，包括对话、信任、承诺和共识等。这些研究均可看作是治理背景下强监管构成要素的有益探索。另外，需要指出的是，一定程度上来讲，关系绩效的实现并不是强监管治理网络的终极价值追求，而只是实现终极价值的手段。在这样的前提下，正如传统公共行政过分追求规则而饱受诟病、新公共管理过分追求竞争而备受批评一样，关系绩效会不会面临同样的困境？对于关系绩效的评估应该保持在一个什么样的合理范围内，才能避免目标置换的困境？这些都是在范式转变的新背景下，学者和实践者需要思考的问题。因此，水利行业强监管在明确了监管主体、监管客体这样“点”的存在之后，就需要构建双向之间的“线”，既遵循网络治理由“点”到“线”的水利行业强监管网络的搭建，也要实现元治理所要求的“无序的线”到“有序的网”的形成。

2.1.3 水利行业强监管的立足点：重视公共价值

从公共价值的生成来说，水利行业强监管多元主体的参与更有利于确保公共价值在绩效评估过程的应用。传统公共行政模式下，政府的行政管理侧重于分析政府内部的公共预算、政策制定等问题，政治家和民选官员起决定作用。尽管其背后的逻辑是公民选举政治家——政治家制定政策——政府官员执行政策，以此来实现公民的价值诉求，但是在这种通过精英来确保公共价值的体制下，如果精英或者制约精英的制度出现问题，其中的逻辑链条便会发生断裂，进而影响公共价值的实现和导致公共价值的供需矛盾。当然，在传统公共行政中，公民也可以通过对公民满意度的评价，在一定程度上限制公共服务的设计和提供，但是政府官员无疑起着主导作用，而公民处于相对被动的地位。新公共管理对传统公共行政的“政治行政二分”提出了质疑，尽管当代的公共行政也无法完全摆脱“政治行政二分”的束缚，但是分离的程度已经与 19 世纪末期力图克服政党分肥制弊端而确立的二分原则大不相同。当前，不仅行政人员参与政策制定日益频繁，而且政府之外的私营部门和第三部门也一定程度上参与到政策过程中来，从而使得传统上政治家独断价值判断发展为多元主体共同决定公共价值。在这种政治泛化背景下，生成的公共价值不仅更具合法性，而且在新公共管理大力提倡绩效评估的文化下，公共价值更容易得到实现。尽管如此，由于新公共管理的理论基础是新古典经济学和公共选择理论，私人部门的个人利益取向必然会渗透到公共行政领域中来，而这种以个体为基础的价值取向与公共价值所强调的“公共”基础或者“集体”基础是不同的，有时甚至是相互冲突的。因此，公共价值的合法性生成以及通过绩效评估促进公共价值的供需匹配仍然会面临问题。在新公共治理范式下，公共服务提供主体的多元性、公民参与空间的扩大、对相互间对话和学习的强调、信任关系的建立等都有利于公共价值的生成。当然，这并不意味着传统公共行政和新公共管理下无法生成公共价值，而是说在当前的信息技术条件下和新公共治理营造的政治生态下，治理理论侧重于分析政府组织和其他组织之间存在的大量复杂关系，重点关注集体偏好；重视政治的作用；推动网络治理；重新定位民主与效率的关系；全面应对效率、责任与公平问题等，这种机制更利于形成公民认可的公共价值，并通过绩效评估工具或绩效管理，推进公共价值的实现。

综上所述，水利行业强监管首先是在水利行业内部，对制度、政策、法规、规章的执行情况自上而下进行的监督管理，充分表现在高效执行、有力问责；其次是以政府为核心，培养"节水、爱水、护水"的公共价值，号召全社会成员共同抵制一切破坏水环境、影响水生态平衡的行为，构建水利行业强监管机制，完善水利行业强监管法制、制度及规范，形成水利行业强监管体制机制。

2.2 水利行业强监管的逻辑：理论、实践与制度推演

水治天下宁，这是中华民族绵延发展的经验总结，也是历届执政者关注并切实解决的焦点问题。当前中国特色社会主义进入新时代。我国治水矛盾在新时代也发生了深刻变化，即由人民群众对水资源、水生态、水环境的需求与水利行业监管能力不足的矛盾转变为人民群众对除水害、兴水利的需求与水利工程能力不足的矛盾。党中央就我国水安全问题提出了"节水优先，空间均衡，系统治理，两手发力"的十六字治水方针，为做好流域保护治理工作提供了根本遵循。为了顺应新时代我国治水矛盾的发展变化，党中央关于水利工作的重要论述，水利部党组提出的"水利工程补短板，水利行业强监管"是当前和今后一个时期我国水利改革发展的总基调，而"强监管"是其中的主基调。我们要清醒地认识到我国治水主要矛盾发生的深刻变化，切实采取有效措施，积极调整人的行为、纠正人的错误行为，全面加强水利行业监管，为全面建成小康社会和破解新时期我国治水主要矛盾提供坚实的保障。因此，本书尝试从理论、实践、制度三个维度剖析我国水利行业强监管的逻辑，以期为提升我国水利行业监管治理体系和治理能力现代化提供制度保障和效能支撑。

2.2.1 水利行业强监管的理论逻辑

当前我国新老水问题复杂交织，更加凸现了治水主要矛盾转化的时代背景。其中，新问题主要是水资源短缺、水生态损害、水环境污染，老问题则是降水时空分布不均带来的洪涝干旱灾害。新老水问题相互交织，给我国治水提

出了崭新课题、赋予了全新内涵。解决老问题就是要进一步提升我国水旱灾害的防御能力，主要通过“补短板”来实现；而解决新问题则必须依靠“强监管”来提高水资源、水生态、水环境的承载能力，促进人与自然和谐发展。事实上，水利行业强监管既是一个社会问题，也是一个理论问题，如何构建更为科学、务实、合理的治理体制和机制，从整体上把握水利行业强监管的理念、方法和途径，一直是学术界探索的重点内容之一，而政府监管理论、回应性监管理论、监管治理理论等则为水利行业强监管提供了理论指导。

2.2.1.1 政府监管理论

政府监管理论源于20世纪30年代发生的世界性的经济危机。这场经济危机引起了古典经济学向凯恩斯经济学转化的革命，市场失灵也使人们将希望更多地投向了政府监管。在这场深刻的经济学理论变革中，以凯恩斯、斯蒂格勒及西蒙等为代表的经济学家们从不同视角对政府监管进行了分析与研究，政府监管理论不断丰富和成熟。

（1）公共利益理论。公共利益理论研究的是政府应该何时介入市场进行监管，因而是对于政府监管的一种规范性分析。该理论坚信市场会失灵，且一旦失灵就势必会出现政府监管。公共利益论认为政府监管的目的是通过分析市场失灵的原因和后果，矫正市场信息失真，抑制市场的不完全性缺陷，弥补市场失灵引发的资源配置效率损失，保护公共利益，实现社会公共福利。因此，公共利益理论指出了政府监管的出发点与归结点即是政府对于市场的干预是有效的，是一种克服市场失灵的有效手段。

（2）规制俘获理论。该理论假设所有利益相关者是纯粹的经纪人和理性人，都以收入最大化为目标，而且政府监管是没有成本的。在假设的情况下，监管者政府与被监管者在经过多次重复博弈之后，监管者政府会被监管者中的某利益集团所俘获，会为了一小部分人的利益而制定一些严重损害社会公共利益的公共政策。规制俘获论的贡献在于为政府制定科学合理的监管政策和消除权力寻租提供了一些建议。

（3）企业型政府理论。该理论是新公共管理运动时期的核心概念之一，强调政府应该是掌舵者，而非划桨者，政府的职能不是无所不为，而重点应该是进行宏观调控，对于基本的资源配置要由市场完成；政府应该引导企业树立重效率、高质量、成本意识和顾客至上的系统理念，彻底消灭传统的官僚作风，让政府更具活力，努力成为老百姓满意的服务型政府。企业型政府理论的最大优点，是促使了政府监管的观念与理念发生了转变。

（4）网络化治理理论。斯蒂芬·戈德史密斯和威廉·D. 埃格斯在《网络化治理：公共部门的新形态》一书中最早提出了网络化治理理论。这两位美国学者认为，21世纪的公共治理正在形成一种网络化治理。在网络化治理模式下，政府的角色发生重大转变，即从公共服务的直接提供者，转变为由多种伙伴关系、协议和同盟组成的网络中的协调者。网络化治理理论的提出，回答了公共治理何以从碎片化转向网络化，有助于组织协调各种资源，激活公私合作网络，建立公共组织和私人组织合作的网络，进而推动公共价值的实现。网络化治理是一种全新的政府治理模式，实现了“第三方政府、协同政府、数字化革命、消费者需求这四种公共部门发展趋势的集合。”

建设监管型政府已经成为全球性的政府变革浪潮，而政府监管理论将成为新时代水利行业强监管的指导思想和宗旨，并将深入促使水利行业强监管的观念、理念、角色、手段等全面转型，有助于更好地推动新时代水利的改革和发展。

2.2.1.2 回应性监管理论

回应性监管理论最早是由伊恩·艾尔斯（Ian Ayres）和约翰·布雷斯维特（John Braithwaite）于1992年提出的。经过20多年的发展，回应性监管理论已经成为国际上最具影响的监管理论之一。回应性监管理论的形成不是一蹴而就的，而是经过20多年逐步发展起来的集体智慧的结晶。1992年《回应性管制：超越放松管制的争论》一书的出版，标志着回应性监管理论的正式形成。回应性监管理论构建了一套综合运用强制与非强制、政府与非政府的手段，且超越单纯依靠政府强制手段抑或市场机制的两级论断的混合监管模式。该模式设计的核心是“金字塔”模型，即按照惩罚力度的大小将管制方式从塔底向塔尖依次分为自我管制、强化型自我管制、命令控制型管制，将管制措施由塔底往塔尖依次分为劝告、警告、民事处罚、刑事处罚、暂停营业、吊销执照。由此可见，回应性监管理论重在强调自我管制，重在鼓励采用劝告与警告等手段，其用意不在惩罚，而在引导、规劝人们向善向好，这与水利行业强监管实施的要义“规范人的行为，纠正人的错误行为”高度融合。

杨炳霖将回应性监管理论的精髓概括为回应、塑造、协同和关系性四个方面。四个方面的特征，对水利行业强监管具有深远的启发意义：一是以“回应”为代表性特征。回应性监管理论认为对监管对象应采取差别性措施，只有这样，才能真正打破传统政府监管方式下“一味惩罚”“无差别惩罚”“过度惩罚”等弊端。换句话说，回应性监管理论的核心理念就是要仔细辨别被监管者的动机形态，然后采取有针对性的监管策略。只有这样，才能达到最佳的监管效果，并对被监管者起到一定的激励作用。因此，回应性监管理论“回应”特征应用到水利行业强监管上来，就在于强调水利行业强监管要采用差异化策略，实施因河施策、一河一策的精准监管措施。二是以“塑造”为价值内核。回应性监管理论认为监管主体除政府外，还包括企业、行业协会、中介机构、非政府组织等；监管手段除了强制措施外，还包括激励、表扬批评、说服教育等。既然监管主体多样化，那么行使监管活动就不需要完全由政府亲力亲为，而是要调动企业更好地进行自我监管、行业协会更好地履行对行业的监督管理、专业型中介组织更好地运用专业知识对企业进行监管等。因此，“塑造”价值内核应用到水利行业强监管上来，就在于政府应塑造其他代理监管者的主体意识，树立政府、企业、行业协会、中介机构、非政府组织等多元水利行业强监管主体。三是以“协同”为手段。回应性监管理论主张监管制度、策略、手段的设计，都应该由政府监管机构、行业和其他非政府组织共同参与讨论协商来确定，通过建立不同监管主体间的合作关系，一方面增加他们对政策的认同，另一方面通过倾听他们的心声，使他们首先树立起改变的决心，然后由他们来培养更多被监管者的价值观和主体意识，达到协调不同监管策略的目标。因此，“协同”手段应用到水利行业强监管上来，就在于采取协同联动策略，形成心往一处想、劲往一处使的协同水利行业强监管新局面。四是以“关系性”为基石。回应性监管理论强调监管者要与被监管者建立起紧密的关系，只有这样才能准确辨别被监管者的“动机形态”，与被监管者开展真诚的协商对话，实现回应、塑造、协同的目的。因此，“关系性”特征应用到水利行业强监管上来，就在于强调监管者要与被监管者之间建立起充分的信任关系，共同致力于水利行业强监管取得积极的成效。

2.2.1.3 监管治理理论

澳大利亚学者帕克（Parker）在2002年出版的《开放的企业：有效自我监管与民主》（*The Open Corporation: Effective Self-regulation and Democracy*）一书中对监管治理理论进行了系统阐述，他认为监管是现代政府的主要职能之一，而政府、企业和第三方机构等都可以成为第一层监管者，也可以作为第二层的后设监管者。监管治理理论重在要求监管部门应该采取更加深层化、更加灵活的监管手段，具体来说，就是要建立自我监管和对自我监管进行监管的双层监管机制。

相比传统政府监管模式，监管治理理论模式具有以下优点：一是价值导向上的优势。监管治理理论的宗旨就是督促企业或行业的自我监管，发挥其主观能动性，探索并解决自身存在的问题，找到适合本企业或行业的发展之路。与传统的命令控制型监管相比，监管治理理论更有利于培养企业的主体意识，调动企业或行业的主动性和积极性。企业在自主决策的同时，也是一个自我分析、自我加压、自我担责的思考过程。政府监管不是单纯的“管”，而是一种服务，服务得好，就能调动企业热情，激发市场和社会的活力。在水利行业监管实践中，由于受传统政府监管的惯性影响，仅将政府视为监管者，而把企业、非政府组织、公民个人等视为被监管者。究其原因，主要是政府及其职能部门的思想观念及角色转化不够。因此，水利行业强监管必须坚持以人民为中心的价值导向，让人民享有更多的参与权和选择权，让人民能够有效监督和问责。二是成本上的优势。市场、企业、政府是现代市场体系的三大主体。相对于政府施加的外在强制要求，企业或行业内部人员比外部政府人员更了解企业内部信息和违规行为，而且企业或行业也更愿意遵守自己制定的规范，再加上非政府部门的自我监管规则更具灵活性，企业或行业自我监管机制如果能得到有效发挥，就可以帮助政府降低监管成本，进而降低守法成本和管理成本。水利行业强监管包括对江河湖泊的监管、对水资源的监管、对水利工程的监管、对水土保持的监管、对水利资金的监管、对行政事务工作的监管等六个方面，这六个方面涵盖了整个水利行业，每一个方面都是一个复杂的系统工程，不仅涉及经济、社会、生态、环保，而且涉及广大民众的生活、健康和安全。如果仅靠水利主管部门进行监管，在现有科层制体制下职能交叉、协调困难、信息不畅等问题难以解决，就算是由涉水的政府主管部门来监管，实际情况也千差万别，政府的监管制度和规定不可能包罗万象，也未必能达到预期的效果，更重要的是监管成本太高。而改由市场、企业等第三方的监管，则会适应建设监管治理体系的要求，有效解决政府监管的单一瓶颈问题。

2.2.2 水利行业强监管的实践逻辑

目前，我国治水矛盾发生的深刻变化，表明在很多方面水利事业发展存在着不平衡、不充分问题。这些问题的产生既与发展阶段制约、资源禀赋、自然条件等密切相关，更与长期以来人们的认识水平、行为错误和观念偏差等紧密相连。

2.2.2.1 政府及其职能部门的监管治理意识薄弱

水利行业监管是一个跨行业、跨区域、跨部门的活动，不仅需要同级部门的横向协同、联合与信息共享，而且需要上下级职能部门的纵向联动、配合与互通。各级政府、各部门进行平等合作与协商是进行监管治理的基础。当前，我国的行政体制是遵循专业分工和等级规则的科层制管理体制，具有明确的职权等级和稳定的规章制度是科层制管理体制的鲜明特点。这种垂直性、单向性和程序化的科层制管理体制会导致政府监管治理意识薄弱，造成上下级政府之间难以形成相互依赖、平等协商的伙伴关系，也难以形成无缝衔接、高效应对的水利行业监管治理体系，进而在很大程度上影响了水利行业监管治理的效率和效果。

近年来，尽管政府管理部门已经意识到进行监管治理改革的必要性，以期形成水利行业监管治理的新格局，但是出于对制度成本、组织成本以及职能设置的衡量，政府在跨区域、跨部门、跨类型水利行业监管治理的过程中难以突破“命令型政府”“碎片化政府”的困境，导致监督管理改革的针对性不强，执行不到位，无法最大限度地整合跨区域、跨部门、跨类型水利行业监管的治理资源，难以达到真正的协同共治目标，非法采砂、非法侵占河湖、非法排污等行为也就难免会禁而不绝。因此，需要各级政府、各部门增强水利行业监管治理意识，改进和建立网络信息共享系统，构建政府间关系和谐、信息共享、资源聚合的水利行业监管治理体系，以提升监管治理效率。

2.2.2.2 单一政府监管模式存在缺陷

根据我国当前的科层监管模式，单个政府的管辖权力受限，而跨区域、跨部门、跨类型的水利活动，需要多主体共同参与监管治理。新时代我国治水矛盾发生的变化，充分说明“封闭型”和“内向型”的政府单一主体监管模式，已无法适应新时代水利行业强监管的需要，必须“共同抓好大保护，协同推进大治理”。

伴随现代社会公共事务的日益复杂，协同治理应运而生。水利行业监管活动具有跨行政区分布的特点，需要各级政府摒弃单一化监管模式，有效整合各方力量，探寻多主体治理的协同监管治理机制，以真正提高水利治理体系和治理能力现代化。十九大以来，为了进一步完善全国的发展战略布局，塑造区域协调发展新格局，党中央把黄河流域生态保护和高质量发展上升为国家战略，明确强调要“共同抓好大保护，协同推进大治理”，并提出要“按照系统集成、协同高效的要求纵深推进，牢牢抓住制度建设这条主线，在精准实施、精准落实上下足功夫，在关键性基础性重大改革上突破创新”。这既为黄河流域治理提出了明确要求，也为水利行业监管指明了方向。而要实现“共同抓好大保护，协同推进大治理”的水利行业监管目标，就必须打破单一政府监管的模式，将水利行业作为一个有机整体，以系统集成的理论与方法实现信息、技术、管理及制度的共建和共享。只有这样，才能解决黄河流域各机构各地区条块分割和管理职能重叠的“九龙治水”与“碎片化治理”现象。

2.2.2.3 公众参与水利行业监管的能力有待加强

作为马克思主义政党领导的社会主义大国，人民群众蕴藏着无穷的力量，推动党和国家各项政策落地的责任主体在基层、推进改革发展稳定的大量任务在基层、推进国家治理体系和治理能力现代化的基础性工作也在基层。解决我国的生态环境问题，不仅要全面调整现有的经济社会活动，坚持既要金山银山也要绿水青山，更重要的是，要建立和完善全社会共同参与的全民行动体系。只有这样，才能共同寻求解决环境问题的方法和途径，形成不同规模和层次的社会行动网络，实现环境、经济、社会的协调可持续发展。水的公共属性，决定了水利治理中公众参与的必要性，公众的参与又可为提高水利行业监管体系和监管能力现代化水平提供生生不息的内生动力。因此，应充分调动分散的社会力量在水利行业监管进程中发挥的主体作用，改变以往“水利行业监管靠政府与企业”的心理，促使水利行业监管真正成为所有利益相关方参与的共同事业。

近年来，我国广大民众生态环保意识不断增强，公益性组织也不断发展壮大。公众参与环境保护的推进，既对提升环境管理能力、创新环境治理机制、推动生态环保工作、建设生态文明具有重要意义，也为水利行业强监管创造了良好的群众基础。可以说，公众的广泛参与，是水利行业强监管补短板的有效措施。但需要指出的是，由于各方面因素的制约，我国公众参与水利行业监管的积极性还不高，不少公众报有“事不关己，高高挂起”的心理。因此，水利行业强监管要想取得真正的实效，就必须采取多种措施提升公众的参与意识，畅通公众参与渠道，提高公众参与程度，为水利行业强监管装上“千里眼”“顺风耳”。这也是破解水利行业监管“发现难”问题的关键举措。首先，要实行信息公开，定期向社会公布水利行业监管的实施情况，保障公众的知情权。其次，可通过听证会、问卷调查、专家咨询等方式引导公众参与水利行业监管决策的制定与实施，确保决策的科学化、民主化、透明化。最后，可通过举报信箱、热线电话、新闻曝光等各种方式让公众真正参与到水利行业监管执法、环境监测等工作中来。

2.2.2.4 监管治理存在“交易-合作”成本的制约

根据“经济人”假设，人的一切行为都是为了最大限度地满足自己的利益。也就是说，任何人与他人合作的目标都是使得自身利益最大化。水利行业强监管的本质，不仅是多元主体间的互动合作交易行为，而且是一种更为复杂的交易过程。在水利行业监管治理过程中，各级政府、各主体之间容易产生协同困境。这种由于合作各方有限理性的客观存在而导致的“协同困境”，容易给多主体合作方带来高昂的“交易-合作”成本支出。因此，为达成各方受益的监管治理目标，就需要各主体放弃本部门的部分利益，让渡一部分自身权利。只有这样，政府和各监管主体才会倾向于互相合作。

河道砂石资源本属国家所有。随着我国城镇化、工业化进程的加速，作为主要建筑物原材料的砂石需求量越来越大，日益紧俏。但沿河不少地方政府擅自与采砂业主签订开采协议，不经河道主管部门同意，违法、违规开采，严重扰乱了砂石开采秩序，遗留下了大量的安全隐患。由此可见，水利行业监管治理各方欲达成合作，则必然存在高昂的“合作成本”支出，这必然会削减各主体间进行合作协商的意愿，动摇各方合作的基础，导致河道砂石监管治理的缺位或者滞后甚至无效。而且这种“合作成本”的产生在一定程度上也有可能会提高水利行业监管的成本，而高昂的监管成本会增加政府部门的组织成本、制度成本和人力成本，这会进一步降低各方合作的意愿，影响水利行业监管治理的实际效果。因此，构建一种基于回应性监管理论和监管治理理论的新型水利行业监管治理模式就显得十分重要。

2.2.3 水利行业强监管的制度逻辑

制度是要求大家共同遵守的办事规程或行动准则，在生态文明建设中，只有实行最严格的制度、最严密的法治，才能为之提供可靠保障。制度保障在水利行业监管的过程中至关重要。在新的形势下，必须树立“大水利观”“大质量观”，遵循水利服务于民生的宗旨，建立健全水利监管制度及其体系，使水利监管工作有法可依、有章可循、有据可查。

2.2.3.1 条块分割的行政管理体制限制了监管治理效率

在经济新常态背景下，供给侧改革正在深入推进的同时，我们还要看到阻碍改革深入发展的因素依然存在。治水是一个有机整体，水利行业监管是一项复杂的系统工程，往往涉及多个区域、多方政府。但受利益分配机制的影响，当前行政管理体制还存在行政资源条块分割、行政管理缺乏统筹运作等突出问题，容易导致水利行业监管治理的“碎片化”问题的产生。因条块分割、地域隔阂等因素的制约，地方政府在水利行业监管中缺乏主动协同和互相配合，往往习惯各行其是、各自为政。因此，在水利行业监管治理的过程中，可成立由中央政府牵头的国家有关部门、地方有关省份共同参加的跨部门、跨政区的统一协调管理机构，打破当前省（部）际信息孤岛及信息相互矛盾的现象，就水利行业监管治理事宜进行协商，实行民主和科学决策，达到五指同时发力的良好效果，有效解决传统发展背景下管理权分散导致的“公地悲剧”和“公共悖论”问题。

2.2.3.2 组织机构职能划分边界不清阻碍了监管治理的合作

政府的组织结构是按照政府职能划分情况设置的，不同部门在各自领域内有较大决策权与执行权，并承担不同的职能。由于水利行业监管范围广、影响力大，不再局限于行政区域、单一部门、单一类型，建立信息沟通机制和信息共享平台在跨区域、跨部门水利事件监管中就显得十分重要。而在水利行业监管治理实际运作中，充分发挥信息共享机制的作用则有赖于各地方政府的通力合作。但需要指出的是，因组织机构职能划分的局限性而导致的信息不对称，极不利于各部门之间信息、资源的合理流动和有效共享。因此，在水利行业监管的过程中，需要各部门突破条块分割的组织模式和功能边界，加强各政府职能部门之间的协同合作，真正做到信息、资源的相互传输与有效共享，最终实现在监管手段上注重多元化方式的引入，在监管职权上注重内外部的有效协同，在监管制度上推动完善相关规范。

2.2.3.3 科层管理体制影响了监管治理的动力

在层级严密、等级严格的科层管理体制下，相关部门缺乏灵活性和创新性，强调凡事根据指令办事，一切听从上级部门的指挥和命令，忽视与其他社会主体建立合作关系。这种科层管理体制也决定了我国水利行业监管难免会出现重纵向管理、轻横向合作的问题，严重制约了我国水利事业的发展。例如，河（湖）长制的推行，各级党政负责人是河（湖）长制的第一责任人。在这种层级严密、等级严格的科层管理体制下，相关部门只听从上级部门的指挥和命令，缺乏行政区划政府间的横向合作与协同，难以发挥非政府组织、企业及民众等其他社会力量，忽视政府与其他社会主体建立合作关系，致使河（湖）长制因机构设置不顺、人员编制缺乏、财政资金不足等体制困境，实际监管治理工作中困难重重。因此，克服科层管理体制的弊端，可从法制、机制入手，建立一整套务实高效管用的监管体系，形成水利行业齐心协力、同频共振的监管格局，从根本上改变水利行业不敢管不会管、管不了管不好的被动局面。

总之，我国仍处于经济转轨和社会转型的关键期，机遇与风险共存，社会矛盾凸显，这对我国水利行业监管治理能力和水平形成了一种新的挑战。随着政府监管、回应性监管及监管治理等理论的发展和完善，为我国水利行业强监管提供了理论基础和指导，有利于分析并有效应对水利行业强监管过程中所面临的现实问题，也为探讨我国水利行业强监管体制机制提供了很好的制度视角。各级政府必须转换观念与角色，由单一政府监管模式的主导者、提倡者角色，向监管治理模式的召集人、催化人和促进者角色的转型，坚持以政府、社会组织、公民的需求与权利为导向，通过共识的达成机制，调动一切可利用资源，围绕共识与目标，以及价值的生产、再生产与分配过程，创造公民与组织广泛参与、财富极大涌流、价值极大增殖、责任极大增强的新型网络化监管治理场域，形成集“良心＋良制＋良治”的网络化监管治理模式，提升我国水利行业监管治理能力与治理体系现代化。

第3章

水利行业强监管的研究现状、成效与问题

尽管水利行业强监管是我国水利事业改革与发展的新命题，但对水利行业监督管理的研究却是一个老课题，且在理论研究和实践探索上都积累了一定成果和经验。本章主要对水利行业强监管的研究现状、成效与问题进行梳理，以期为进一步提升水利行业强监管效能提供启迪。

3.1 水利行业强监管的研究现状

3.1.1 江河湖泊监管的研究现状

水利部发展研究中心的王冠军发表《推进河湖强监管的认识与思考》一文，他认为我国河湖问题突出，长期积累，解决难度大。因此，要以河长制湖长制为抓手，强化河湖监管，调整人的不当行为，从根子上解决河湖突出问题，是水利行业强监管的突破口，也是打赢河湖管理攻坚战的根本举措。学者胡琳等在全面审视我国河湖管护共性问题和浙江省实际情况的基础上，对浙江省河湖管理现状进行了系统评估与问题解析。在理论和实践层面提出新时代浙江省河湖管理的总体任务、发展思路、推进路径及可行的政策建议。学者王华认为我国河湖管理保护方面取得了一些成效，但河湖管理保护仍存在一些薄弱环节和突出问题，表现在治污能力仍显不足，城乡污水、垃圾处理设施及管网建设滞后；河湖管护水平有待提高，科学施策统筹解决水多、水少、水脏、水浑问题，还需采取更有效的工作举措，聚焦管好“盆”和“水”。魏宝君认为江河湖泊具有重要的资源功能、生态功能和经济功能，是生态系统和国土空间的重要组成部分，是生态文明建设的重要内容。落实绿色发展理念，根治河湖“四乱”，恢复河湖应有功能，是从根本上保护河湖生态环境、解决河湖突出问题的务实之举。任宪韶认为要进一步深化水利改革，积极建立严格的河湖管理与保护制度，以维护江河湖泊资源功能和生态功能为核心，深入推进海河流域河湖管理与保护工作。要加快形成归属清晰、权责明确、监管有效的河湖管理

保护制度；加快出台相关政策，建立健全涉河建设项目、河道采砂、水域岸线等保护管理制度及水域岸线占用补偿制度和责任追究制度；强化河湖管理能力建设，规范行政审批，严格执法检查，维护河湖健康生命。王鹏飞认为河湖作为城市降雨涝水外排的主要“接纳地”，其面积占比（河湖水面率）是河湖调蓄能力的最直接体现，水面率的高低直接影响着城市防洪除涝能力的高低，是城市防洪除涝能力的重要指标之一。同时，河湖水面面积也是影响河道水体自净能力的因素之一，对保持和改善河道水环境具有重要的、不可替代的作用。当前，河湖水环境问题突出，已成为城市建设的主要短板之一，河湖水面是河湖水环境的主要承载，管控好河湖水面率至关重要，确保河湖水面面积“只增不减”，达到规定的河湖水面率更是任务紧迫。

3.1.2 水资源监管的研究现状

对水资源的研究，从公共管理的角度要落脚于对水资源治理保护的研究，当前对水资源的治理保护主要是依靠河（湖）长制。胡敏、黄丽萍、冯桢棣针对县域河流治理，指出县域层面推进河长制工作还面临着乡镇资金匮乏、水库管理薄弱、集镇污水收集处理难、群众参与积极性不高等问题，需要进一步通过加强县域统筹治理工作、创新推进水库治理、改造乡镇污水收集管网、加强宣传引导、部门协同抓落实等措施深入推进河长制工作，完善县域河流治理。欧阳和平、罗迈钦认为“河长制”作为当前水环境治理中一种行政机制创新，为各地政府在水环境治理的问题上带来了新的希望，取得了显著的效果。他们以湖南省采用“河长制”进行水环境治理工作为例，分析了其治理的过程以及取得的实际成效。冯兆洋、张辉、谢作涛、卞俊杰、刘晓敏等梳理了长江中上游 6 省（自治区、直辖市）河长制工作进展，总结了各地推行河长制典型经验，分析了河长制工作目前存在的问题，并针对性地提出了相关对策建议。吕志奎、戴倚琳等从话语建构角度，探讨了在流域河长制治理的具体场域中，影响河长制治理绩效的关键要素包括宏观的制度规划、微观的执行保障、横向的部门协调、纵向的层级联动。他们提出在顶层设计上兼顾河长制治理政策的统一性和变通性，在分层对接时加强河长制实施的奖惩激励和资源保障，在部际协调时妥善处理好理性行为整合问题，在府际沟通中更加注重政策信息资源的流动互换，是提升河长制治理绩效的理想路径。付浩龙、李亚龙、余琪等针对当前农村水利普遍存在工程基础设施建设不完善、农业灌溉水浪费、农村饮用水不安全以及农业化肥面源污染严重等问题，认为依托全面推行河长制湖长制这一战略机遇，以河长制湖长制水资源保护、水环境治理以及水污染防治管理任务的要求为着力点，大力发展农业节水，大规模推进农田水利工程基础建设和配套改造，持续提升农村饮水安全保障水平，积极加快农业生产转型，推广水肥一体化技术，减少农业面源污染，补齐补强农村水利短板，为加快推进农业现代化绿色发展、实施美丽乡村振兴战略提供坚实的水利支撑和保障。冷涛认为府际学习是推动“河长制”政策创新的核心动力。要解决当前“河长制”强调属地管理的制度设计与流域整体性治理之间的矛盾，可从创新府际学习的制度和机制入手，从法律供给、组织结构优化、政策工具运用等层面推动“河长制”持续创新。李红梅、祝诗羽、张维宇等认为河流水污染问题已成为制约我国可持续发展的重大威胁，河长制自创立以来在水污染防治方面取得了显著的成效，但在推行过程中也出现了很多问题。为此，他们指出构建系统科学的绩效评价体系有利于推进河长制的进一步发展完善，本书从监督手段、指标构建、考核方式三个角度对河长制的绩效评价体系进行研究，以期推动河长制的落实，推进我国生态文明建设、解决中国流域水污染问题。

3.1.3 水利工程监管的研究现状

现阶段，我国的水利工程质量管理体系是：项目法人承担、监理单位掌控、勘察设计和施工单位确保、政府部门监控相融合的体系；并且我国水利工程质量监督管理的相关制度也在不断的完善，例如，项目法人责任制度、招投标制度、市场准入制度等等。但是在水利工程质量监督管理的实际运行中，仍然存在很多问题。首先水利工程缺乏健全的管理制度和流程，许多水利工程在实施过程中存在违规行为，并不能按照标准化的过程来完成，由此导致施工过程不规范，与水利工程管理体制出现脱节（李文希，2018），违反《水利工程建设项目施工监理规范》《建设工程安全生产管理条例》《水利工程建设监理规定》；其次，水利工程项目管理责任体系不够完善，出现相关的质量问题，由于参与人数众多，很难找到问题核心以及为此事负责的相关人，这是基于大众的侥幸心理，陈绪堃（2018）提出要充分的体现水利工程施工质量的重要作用，改善现存的质量监督方法，积极的使用机体监督责任制，防止个人实施监督工作，进而避免出现产权不清现象。质量第一、安全至上的宗旨贯彻不到位。一些建设责任主体在经济利益驱动下，放松了对质量安全的要求，项目工作人员的水平参差不齐，水利工程项目的管理团队意识薄弱，整体素质特别是操作层面从业人员的素质有待提高（华伟南，2012）。

目前，我国水利工程投融资困难，基本上依靠政府财政作为资金支撑。李峰（2019）指出水利企业投融资困难的关键因素是水利工程的服务性质。水利工程建设更多的是属于公益性基础服务工程，而企业多数都是以利润为首要目标，所以水利企业获得投融资难。我国水利行业的管理机制割裂制衡了水利投融资的过程。水利资源的项目审批、开发、实施等由不同的职能部门负责，这种割裂的管理机制使得水利投融资的周期大大加长，极大地扩大了风险，无法吸引到足够的投融资资金。水利工程建设建设时期长，投资规模比较大，在投融资阶段，风险预防和控制较难，没有制定风险的补偿制度和贷款的保险制度，所以金融机构针对水利行业的信贷投资非常之谨慎，不愿意向水利企业提供资金借贷（曹青婧，2019）。王芳（2017）提出水利工程突出特点就是具有公益性，加之资金投入规模比较大、建设周期比较长、经济收益低，虽然我国关于水利工程建设方面制定了许多调控政策，以鼓励、吸引社会资金投入，但是民间资本活跃性依旧很低。

在农村饮水方面，农村环保是一项系统工程，需要分步实施，近期重点要突出抓好农村饮水安全。2012 年国务院通过的《全国农村饮水安全工程“十二五”规划》也提出要求，在“十二五”时期全面解决农村饮水安全问题。水利部统计，2015 年中国农村仍有约 1.9 亿人的饮用水有害物质超标。6300 万人的饮用水中氟超标，约 200 万人的饮用水中砷超标。由于农村水源地缺乏相应的保护管理措施及水质预警实时监测系统，生活污水、化肥、农药、工业废水等等直接导致农村饮用水的污染，水源、水质越来越差，并且农村缺水问题严重。水利部资料显示，我国人均水资源量仅为世界人均水平的 1/4，全国年平均缺水量高达 500 多亿立方米。我国人均再生性的水资源不到世界平均水平的 1/3。截至 2011 年我国农村贫困监测报告显示，我国有 18%的农民获取饮用水困难，14.1%的农户饮用水水源受到污染，有 37.3%的农户没有安全饮用水。谭彦红（2009）提出农村集体经济薄弱，农民要改善饮水状况往往力不从心，资金来源少，投入不足，缺乏可靠的资金来源成为农村饮水事业发展的一大瓶颈。农民的用水观念比较落后，水质的卫生意识不强，并且由于饮用水污染发病比较缓慢，并不能引起农民的足够重视。

中小型水库方面，曹里炳（2012）指出中小型水库工程标准低、质量差，加上经过几十年的运行使用，挡水建筑物等主要设备已经出现老化或者被损坏的现象，严重影响了工程的安全运行以及经济收益，威胁了人民群众的安全。王家浩（2012）提出水库工程管理不到位现象严重。目前一些水库工程管理滞后，多数水库的管理完全停留在 20 世纪水平上，没有先进的管理设备、管理范围小、管理面窄，管理费用严重不足。由于资金、管理技术等多方面的原因，中小型水库配套设施不完善，尤其是应急抢险的物资、相应的配套通信设施等方面；还有不少设施已年久未修，老化严重，日常的检查维护不到位，给水库的安全运行带来了极大的风险和安全隐患（李凯锋，2016）。

鉴于上述的水利工程监管方面出现的问题，就进一步的加强和完善水利工程监管工作给出对策和建议。

质量监管方面。陈绪堃（2018）指出需要完善质量监督机构，健全监督管理制度，并有针对性地颁布一系列行之有效的规范规程及管理办法。李文希（2018）提出要积极构建切实可行的质量管理责任制度，优化质监抽查方式，做好监督档案管理，便于以后水利工程监督管理工作的开展。不断地提高质量监督队伍的建设，重视人员的配合，提高监督人员的监督水平（华伟南，2019）。

水利工程投融资方面。李峰（2019）指出，首先需要构建完善的法律法规政策作为制度保障，加大政府财政的投入并不能够从本质改变我国水利工程投融资现状，只能够从表面上缓解现状。要根据水利建设的特点进行立法保护，降低投融资成本，避免不必要的投融资。充分的挖掘出金融机构的功能，激励金融机构扩大信贷经费规模，提高金融机构对公益性水利工程的扶持力度（曹青婧，2019）。还需要有效地改变割裂管理机制，将水利工程项目的审批周期尽可能缩短，降低水利项目的前期工作的成本。王芳（2017）提出积极吸引社会资本投入水利工程建设，构建水利投融资平台，吸引社会资金与外资投入水利建设，调动群众参与水利工程建设的积极性与热情，从而推进我国水利建设的进一步发展。

农村饮水方面。谭彦红（2009）提出要建立以政府为主体，多层次、多渠道的投入机制，加大公共财政对农村饮水事业的支持，鼓励和引导更多的企业资金、社会资金投向农村供水工程；改革管理体制，不断地促进农村饮水事业的良性运行，防治污染，进一步改善水环境，加强水源保护，清除水源地的点污染源，严格实施饮用水水源保护制度（高占义，2019）。除此之外，还需要对当地的农民进行进一步的宣传教育，唤起广大群众的责任意识，强化农村饮水生产、设施维护及管理人员的宣传责任和义务（余国忠，赵承美，2011）。

中小型水库方面。李凯锋（2016）提出建立健全水库管理体制是提高中小型水库管理和经营的根本，结合各自水库的实际情况，制定并落实一系列规章管理制度。要及时的修缮水库工程建筑，依据日常的检查检测情况，制订相应的维修方案，确保水库工程建筑设施得到及时的维护（王家浩，2012）。曹里炳（2012）指出在中小水库日常运行中要加大检查维修力度，及时地排除设备安全隐患，制定采取切实可行的预防措施，避免事故的发生，因地制宜，开展多种经营，对于有条件的中小型水库，可以发展旅游业、养殖业、林业，等等；进一步提升水库的自动化、信息化、科学化的管理水平，引进专业的技术人才，采用先进的管理设备，制定合理的水库发展规划，提高水库的管理水平。

3.1.4 水土保持监管的研究现状

我国近代的水土保持始于20世纪20年代，截至现在已有100多年的历史了。在这100多年中，水土保持事业发生了巨大的变化。20世纪50年代以来，水土保持的科学研究主要紧密围绕国家任务和生产治理的需要而进行的，总体上可以分为基础性、综合性的研究和关键性科学技术应用研究两个方面。

3.1.4.1 基础性、综合性研究方面

（1）水土保持规划与土壤侵蚀基础性研究，结合国家制定大江大河治理和国土整治规划，相应开展水土保持区划、规划的研究。20世纪50年代朱显谟进行的黄土区土壤侵蚀分类，黄秉维编制的黄河中游土壤侵蚀分区图，是引用至今的基本科学依据。水利部水土保持司依据专家的研究及多年来的实践经验，已发布《土壤侵蚀分类分级标准》（SL 190—2007），作为指导全国各地区土壤侵蚀区划和制定水土保持规划的科学准则。

（2）区域性和全国性土壤侵蚀与水土保持综合考察研究。自20世纪50年代，根据国家编制治黄规划的需要，水利部和中国科学院先后主持由多部门、多学科组成的考察队，进行了黄河中游的水土保持综合考察研究，涉及陕、甘、青、晋、宁、豫、内蒙古7个省（自治区），首次完成了考察区域自然、农业、经济和水土保持区划、规划等详尽的科学报告和系列图件。“七五”期间，黄土高原综合治理被列入国家科技攻关项目，再次由中国科学院主持组织了多部门参加的大规模综合考察研究。20世纪50—80年代，由水利部主持，全国相继开展了七大流域和省（自治区）的土壤侵蚀和水土保持基本情况考察研究。

（3）水土流失规律和水土保持措施效益定位观测基础性研究。我国1919年开始在黄河干支流建立水文站，1942年在天水水土保持试验站建立径流小区定位观测站。自20世纪50年代起在重点水土流失区，逐步建立以沟道小流域为单元试验站，进行水土流失规律和水土保持措施效益的定位观测研究，为建立我国土壤侵蚀预报模型和编制水土保持规划，奠定了重要的基础。

（4）以小流域为单元的综合治理试验研究。以小流域为单元的综合治理试点起始于20世纪50年代，自20世纪80年代在全国范围内开展了重点治理小流域的试点工作。国家科技攻关黄土高原综合治理项目中，专列了以小流域为单元的综合治理试验研究，并荣获国家科学技术进步一等奖。

3.1.4.2 应用性研究方面

水土保持应用性研究主要是水土保持工程技术研究和水土保持农业技术研究。在黄土高原取得了机械化修梯田、水坠法筑坝技术、定向爆破筑坝技术研究的成功，使梯田和淤地坝的建设有了突破性的进展。水力治沙造田技术使沙漠的改造和沙区农业可持续发展展示了新的前景。黄土高原道路规划布设和防冲技术的研究成功，有效地防止了道路侵蚀，推进了广大水土流失区小流域山水田林路的全面规划和综合治理。水土保持农业技术研究方面，围绕建设基本农田和高效可持续发展农业，相继开展了新修梯田快速熟化改土培肥技术、“以肥调水”平衡施肥技术、旱作节水农业技术、聚水微灌技术、地膜覆盖技术及农林复合生态农业技术等研究。

3.1.5 水利资金监管的研究现状

进入新时期，国家的大型基础建设投资持续增加，伴随着国家政策对水利工程建设的倾斜，对水利工程财务管理提出了更高更新的要求。但是从一些建设工程项目问题来看，建设资金管理制度亟待完善。张健全认为水利工程建设过程中，项目业主运作不规范，项目的组织管理模式模糊，基本的建设工程程序机制欠缺，资金管理无序现象频发。侯金明（2016）指出资金管理依旧采取粗放式管理模式，会计基础工作相当薄弱，银行账户管理比较混乱，部分单位水利建设资金管理依旧采取传统的“一把手”说了算，资金拨付缺乏有效的监督机制。贺武渊（2014）认为随着中央及省级财政投入水利建设资金逐年成倍增长之势，但是相应的财务管理人员并没有增加，给财务管理带来了压力，并且资金在使用过程中，被挤占挪用。何洪波（2014）提出水利财政资金主要在核算管理、拨付使用、监督检查等三个环节存在风险点。王芬（2016）提出由于人员流动、农村水利项目“重建设、轻管理”的方式未能根本转变等原因，在对农村水利专项资金审计检查中，仍然存在各种违规甚至违法问题。部分农村水利项目擅自挪用专项资金，序列虚报，弄虚作假，结算不实。

对于水利资金监管措施，侯金明（2016）提出加强财务内部的制度建设，提升财务人员素质。水利建设单位应建立严格的资金支付授权审批制度，规定业务经办人办理业务的职责范围和要求。贺武渊（2014）提出水利工程建设应该建立良性的资金分配机制，目前各级财政都存在财务有限与建设任务重的矛盾，只有建立良性的资金分配机制，设立科学规划、项目申报、专家评审、突出重点、注重效益等一整套资金分配程序，才能消除或降低资金分配环节的风险。何洪波（2014）指出建立健全监管制度，对资金到位及使用、工程进度、工程质量与安全等情况进行监督检查，取保工程质量、安全生产及资金使用安全和投资效益。对于农村水利资金的监管，王芬（2016）指出需要进一步加强对农村水利资金管理工作的领导，要把资金安全管理情况纳入单位考核的重要内容，纳入单位防腐体系建设，切实抓紧抓实。何洪波（2014）提到，应该强化配套措施，提高财务管理效率。加大对财务信息系统建设的投入，促进财务管理工作信息化。广东省水利厅通过网络信息化手段，实时、准确地掌握水利基建项目从审批立项、投资概算、资金来源、资金使用到竣工结算等过程的动态信息，对项目建设和进度进行预警，利用网络公开项目审批及实施情况，从而实现从资金源头到资金支付等一系列过程的全程监控。

3.1.6 行政事务监管的研究现状

在水利行政事务工作上，卢娟（2016）指出政策法规宣传工作不到位。虽然针对水利方面的法律法规宣传在不断的加大，但是宣传形式单一，且时间地点集中，多数限于“世界水日”“中国水周”，达不到广泛宣传的作用。艾白都拉·麦麦提（2017）提出，水利行政执法体系不够健全。由于负责水利行政执法的建设较为落后，缺乏有效的运行监督机制，水利行政执法并不能得到确切的完善。高洁（2017）认为，水利干部队伍管理意识有待进一步加强。水利部门干部多为水利专业或者思想政治专业领导干部，这些领导在法律方面相对欠缺，容易忽视行政管理部门的具体职能。

在水利行政事务工作监管方面，需要树立法制观念和依法行政的意识。水利领导干部以身作则，严于律己，依法行事，使水利工程建设管理的各项行政行为都要符合法律法规，做到依法行政；严格行政执法，加强行政监管。水利工程建设管理部门应该逐步建立起政务公开制度、重大事项听证制度、行政责任考核追究制度等，增加工程建设管理行政活动的透明度（孙献忠，2015）。缪培（2017）认为，需要进一步的转变政府职能。水利工程具有公益性的特点，政府过多干预水利工程建设，导致管理效率不高、项目责任不清，需要进一步转变政府管理项目的职能，实现建设项目管理的政企、政事分开。卢娟（2016）指出进一步的提升水利领导队伍建设，不断的提高监察能力，吸纳高层次、能力强的年轻优秀人才到队伍中去。结合工作实际，做好配套法规规章的制定和完善工作。水利工程建设管理方面制定一系列的规章制度，随着开展的各项工程，还需要进一步完善制定配套法规。加大水利政策法规的宣传力度，想要保证工作行为的有效性，必须要依靠百姓的支持。让百姓更加充分、正确地了解水利政策法律法规（周迎奎，2016）。

总之，在关于水利行业强监管的概念研究中，回归到公共管理的框架中，对治理的概念、理论内涵进行回顾发现：首先，有多中心化、网络化、多种机制有效结合的趋势。这种趋势顺应水利行业强监管的趋势，向地方分权、向社会分权、甚至将权力让渡于跨国家的组织，政府之外的治理主体须参与到公共事务的治理中，政府与其他组织的共治、社会的自治成为一种常态；其次，反对夸大纯粹的市场的作用，治理理论反对新自由主义对市场调节作用的过分崇信，尽管治理实践经常需借助于市场机制，但多种层次的治理与多种工具使用的并存，使治理可以在跨国家、国家、地方等多种层次上展开，在实践上则可以“通过规制、市场签订合约、回应利益的联合、发展忠诚和信任的纽带等”不同的工具平衡公共政策制定与公共服务提供过程中的矛盾；最后，治理理论强调，在治理中，国家政府和公民双方的角色均要发生改变，国家能力将主要体现在整合、动员、把握进程和管制等方面，公民则不再是消极被动的消费者，而是积极的决策参与者。对水利行业强监管六个方面的研究，总结了目前的研究成就，也提出了六个方面监管中存在的问题。但是即便划分成江河湖泊、水资源、水利工程、水土保持、水利资金、行政事务工作六个方面，各个子系统本身又是一个庞大的工程，在各个子系统中应抓住矛盾的主要方面，即对重点问题进行整理归纳，同时要对水利行业强监管这个主系统进行法制、机制、体制构建。

3.2 水利行业强监管取得的已有成效

3.2.1 监管法制体制机制加快健全

2020年4月水利部制定《水法规建设规划（2020—2025年)》，加快了《长江保护法》立法进程，对《地下水管理条例》进行了征求意见和审查修改，起草了《河道采砂管理条例》(送审稿）并报国务院，加大《珠江水量调度条例》《节约用水条例》《河道管理条例（修订）》《农村供水条例》等立法工作力度，有序开展相关法律法规立改废释工作。构建了以《水利监督规定》《水利督查队伍管理办法》为基础性制度，以《水利部特定飞检工作规定》等7个专项制度为方法，印发实施了一批重点领域监督制度。水利部、各流域管理机构组建了专门的督查队伍，并设立了监督专职事业性质的内设机构，确定多个业务相关部门为支撑单位。省级水利部门基本上都设置了监督机构，各省市结合实际情况，建立了符合实践需要的监督构架，组建了不同层级的督查专家库。建成了“12314”监督举报服务平台并上线试运行，形成了自上而下与自下而上相结合的水利行业强监管网。

3.2.2 水利专项监督检查全面铺开

在2020年全国水利工作会议的讲话中，鄂竟平部长提到：2019年水利部共开展2035组次（批次）专项监督检查，涵盖水利安全生产、水利工程质量、水利项目建设、小型水库安全运行、安全度汛、水闸安全、河湖管理、水资源管理、节约用水、南水北调运行管理、华北地区地下水超采综合治理等重点领域，发现各类问题48145个。加强水利扶贫监督检查，建立了22个司局对22个省级水利部门的“一对一”水利扶贫工作监督机制，对22省的64个贫困县、186个村、1062个农户进行明察暗访，对6个水利定点扶贫县区和帮扶组长单位扶贫任务落实情况开展专项督查，有力推进了水利脱贫攻坚年度任务的完成。开展大规模农村饮水安全暗访和靶向核查，覆盖全国28个省自治区和新疆生产建设兵团3109个村、10454个用水户和2238处工程、889个水源地，设立监督举报电话和“红黑榜”，有力促进了农村饮水工程建设与良性运行。对6549座小型水库和1092座水闸开展运行安全专项检查，进一步摸清了风险底数。开展 2 轮河湖暗访督查，覆盖全国所有设区市的 6679 条河流（段）、1612 个湖泊，督促推动了各级河长湖长履职尽责，各地问责河长湖长和有关部门责任人 3961 人次。完成水文测站“百站大检查”和地下水监测井“千眼大检查”，提升了水文测报质量和规范化管理水平。

3.2.3 河湖和水土保持监管持续发力

2019 年水利部印发了进一步强化河长湖长履职尽责的指导意见，编制完成省级“一河（湖）一策”，压实河长湖长责任。加强正向激励，对真抓实干、成效明显的浙江、福建、广东、贵州、宁夏等 5 省（自治区）分别给予 5000 万元奖励，落实中西部贫困地区河长制湖长制补助资金 2.5 亿元。全力开展河湖“清四乱”专项行动，全国共清理整治河湖“四乱”问题 13.4 万个，长江岸线、黄河生态、大运河岸线、南水北调中线交叉河道等方面的突出问题得到清理整治，河湖面貌明显改善。实施河湖执法三年攻坚战，首次开展水事违法陈年积案“清零”行动，分级挂牌督办 72 件重大水事违法案件，现场制止违法行为 10.8 万起、立案查处违法案件 2.2 万件，向公安等机关移交涉黑涉恶线索 1103 条，陈年积案结案率达到 76.5%。印发河道采砂管理指导意见，公布 2339 个重点河段和敏感水域 4 个责任人名单，以长江为重点开展非法采砂专项整治行动、“清江行动”、联合专项执法行动，查处了一大批涉砂违法案件，有力维护了长江河道采砂秩序。以生态流量为切入点开展长江经济带水电清理整改，10 省（直辖市）已有 75%的电站完善了泄放设施，其他地区也开展了突出问题清理整改。印发全面加强水土保持监管的意见，创新手段大力推行水土保持遥感监管，覆盖全国 647 万 km^2，目前已认定未批先建、未批先弃项目 5.5 万个，查处 5.2 万个，查处数量是 2018 年的 3.9 倍。首次对省级政府年度落实《全国水土保持规划》情况进行评估，评估结果报告国务院并作为全国生态文明建设年度评价水土保持指标的依据，水土保持方案审批和验收报备数量分别较上年增长 27%和 33%，实现了从“被动查”到“主动管”的转变。

3.2.4 水利工程“重建轻管”状况逐渐扭转

2019 年水利部首次安排农村饮水工程维修养护中央补助资金 14.5 亿元，提前下达 2020 年中央补助资金 20.08 亿元，建立补助资金与水费收取、管护机制挂钩的激励机制，农村饮水安全工程税收优惠政策执行期限延长到 2020 年年底。紧紧扭住水费收缴这个“牛鼻子”，加快推进成本核算、水价制定、财政补贴等。截至 2020 年 1 月，已有 81%的县制定了水价政策，81%的千人以上工程完成定价，浙江、宁夏水费收缴率超过 90%。启动农村供水工程规范化建设。首次安排小型水库维修养护中央补助资金 14.5 亿元，撬动地方各级财政投入 8.9 亿元。启动深化小型水库管理体制改革示范县创建，浙江、福建、重庆等地积极探索政府购买服务、社会化规范化管理模式。开展堤防工程险工险段排查，强化堤防工程安全管理。在 150 处大型灌区、160 多处灌排泵站开展标准化规范化管理试点。加快信用体系建设，构建以信用为基础的水利建设市场监管机制，严格资质资格管理，建立“不良行为量化赋分”“重点关注名单”和“黑名单”制度，对 48 家水利工程建设监理单位和甲级质量检测单位开展“双随机、一公开”抽查，对问题严重的 18 家单位进行通报批评，对存在违法行为的 9 家单位给予行政处罚。水利建设质量管理处于可控状态，安全生产形势稳定向好，全年未发生重特大质量和安全事故。

3.2.5 三峡、南水北调大国重器综合效益进一步发挥

加强三峡工程运行安全管理。自蓄水以来，连续第十年达到 175m 正常蓄水位，库区库岸整体稳定，三峡枢纽各建筑物工作性态和设备运行正常，汛期累计拦洪运用 51 次、拦洪总量达到 1533 亿 m^3，枯水期为下游补水 2057 天、补水总量 2665 亿 m^3。大力推进南水北调工程运行管理标准化、规范化建设，东线已连续 6 年完成调水任务，中线已不间断安全供水 1800 余天，东、中线累计调水超 300 亿 m^3，水质分别稳定保持地表水Ⅲ类和Ⅱ类以上标准，直接受益人口超过 1.2 亿，中线工程已成为京津冀豫 4 省（直辖市）受水区的主力水源，从根本上改变了受水区的供水格局，为京津冀协同发展、雄安新区建设等重大战略实施，改善华北地区生态提供了可靠支撑。2019 年是三峡工程完成初步设计任务十周年、南水北调东中线一期工程全面通水五周年，两个大国重器发挥了巨大的经济、社会和生态效益，充分彰显了中国特色社会主义制度的显著优势。

3.2.6 水旱灾害防御夺取重大胜利

2019 年，长江等流域共发生 14 次编号洪水，全国共有 615 条河流发生超警以上洪水，119 条河流发生超保洪水，35 条中小河流发生超历史洪水。东北、华北、西南等地部分地区发生春夏旱，江南、江淮等地出现夏秋冬连旱。各级水利部门积极践行“两个坚持、三个转变”防灾减灾救灾理念，强化部门协同，精心组织水雨情监测预报，科学精细调度水工程，严格水库汛限水位监管，全力做好各项防御工作。七大流域 2690 座大中型水库（湖泊）参与汛期防洪调度，拦蓄洪水 1518 亿 m^3，有效减轻下游防洪压力。湖南省科学调度五强溪、柘溪等骨干水库提前预泄、精准拦蓄，有效降低下游洪峰水位。干旱时期加大三峡、丹江口以及长江上游水库群下泄流量，保障长江、汉江中下游及两湖周边抗旱用水需求。狠抓山洪灾害防御，向 180 万名相关防汛责任人发送

预警短信 2195 万条，启动预警广播 55 万次。2019 年全国大中型和小型水库无一垮坝，主要江河堤防无一决口，旱区群众饮水安全得到有力保障，最大程度减轻了洪涝干旱灾害损失。

3.2.7 水利行业发展能力不断增强

2019 年水利部印发并跟踪落实京津冀协同发展、长江经济带发展、长江三角洲区域一体化发展、粤港澳大湾区建设水利工作落实方案，加快黄河流域生态保护和高质量发展水利专项规划编制工作，批复洮河等 5 项流域综合规划，印发珠江—西江经济带岸线保护与利用规划，为国家重大战略实施提供有力支撑。国家重大水利工程建设基金征收标准降低 50%并延长至 2025 年底。深化“放管服”改革，大幅压缩行政审批时间，完成在线政务服务平台建设和“互联网＋监管”阶段性目标，开展取水许可电子证照应用试点。稳步推进水权水价水市场改革，完成水资源税改革和水流产权确权试点总结评估，新增实施农业水价综合改革面积约 1.2 亿亩，继续推进中国水权交易所市场交易。大力提升水利科技支撑能力，启动 21 个重大科技问题研究，设立长江水科学研究联合基金并落实 2.5 亿元经费，加强重点实验室、工程中心、野外科学观测研究站建设，完成现行 854 项水利标准评估，新发布标准 33 项，推广转化 113 项先进实用技术。印发网络安全管理办法，开展水利网络安全实战攻防演练。水利国际交流合作成果丰硕，印发推进“一带一路”建设水利合作规划，成功举办首次澜湄水资源合作部长级会议等 13 次多双边高层交流会议，稳步开展跨界河流合作。建成较为科学、合理的政务督办制度体系，进一步加强水利公文、值守应急、会议培训、建议提案办理、安全保密、信访档案等管理，提升了绩效管理、预算执行、审计问责、国有资产监管力度等。

3.3 水利行业强监管存在的问题

3.3.1 对强监管概念认知缺乏革命性

首先，强监管就是“监督＋管理”，监督和管理遵循常态化，但部分地区仍错误地把强监管单纯地等同于明察暗访、追责问责等监督工作，犯了把强监管等同于强监督的错误，忽视了水资源、河湖、工程等方面的日常管理。其次，强监管既有行业内自上而下的监督，也有平行网格的社会管理，认为强监管要“枪口对外”，重点抓对社会的监管，不能“枪口对内”，这些想法都是片面的。无论是枪口对内的行业监督，还是枪口对外的社会管理，目的都是调整人的行为、纠正人的错误行为。各级水利部门认真履行管理保护职责，严格执行法规制度，守护河湖、保护水资源、维护工程，这是横向的社会管理。水利部、各流域管理机构、地方上级水利部门对下级水利部门进行明察暗访，这是纵向的行业监督，通过加强行业监督促进各级水利部门加强社会管理，并非不信任基层水利单位，而是“信任不能代替监督”。各级水利部门对强监管要有革命性的认识。

3.3.2 强监管体制建设缺乏系统性

调整人的行为、纠正人的错误行为，意味着人水关系的变革、生产关系的调整。因此，水利行业强监管是一项十分复杂的系统工程。从工作领域看，需要在党的建设、行政管理、干部人事、廉政建设等方面强监管。从工作层级看，不仅中央层面、省级层面的水利部门要强监管，市县一级、基层水利单位也要强监管，形成上下联动、同频共振的格局。但经过实地考察，个别省份监管力度还相对滞后，市县一级普遍薄弱的状态。从工作环节看，督查暗访和整改问责是最直接的强监管。然而强监管包括事前、事中、事后，因此涉及强监管的事前规划、事中保障、事后问责等一系列流程，这就需要在机构设置、人员调配、制度建设、技术支撑、资金保障、精神激励、后勤服务等各方面各环节都要服从强监管的基调。各级水利部门都要把自身摆到总基调中去，搞清楚强监管需要做什么、靠什么做，按照强监管要求，对水利工作进行理念更新、业务重塑、流程再造。

处理好人与水的关系是人类生存发展的永恒课题。调整人的行为、纠正人的错误行为，不可能一蹴而就，必须持之以恒、久久为功。补短板、强监管特别是强监管，不是刮一阵风，更不是一句口号。总基调对准的是治水主要矛盾变化，解决这个主要矛盾，使水资源、水生态、水环境问题根本好转，充分满足人民群众对水资源、水生态、水环境的需求，需要相当长时间的艰苦努力。当前，强监管还处于开局起步阶段，有一定成绩但不能估计过高，接下来还要爬坡过坎、滚石上山。必须做好打攻坚战、打持久战的准备，见好就收、歇脚松气、骄傲自满的想法都应该坚决杜绝。

3.3.3 错误地将“强监管”与“补短板”对立

补短板、强监管是解决新老水问题的“两翼”，相互联系，相互支撑，相互补充。然而却有部分公职人员以及公众错误的只关注强监管，弱化补短板。水利部党组提出的水利改革发展总基调，包括水利工程补短板、水利行业强监管两个方面，两者不是矛盾对立的关系，更不是非此即彼的关系。强调强监管这一主调，绝不是要忽视补短板。2019 年的一年实践也充分证明水利部党组的判断是符合马克思主义唯物辩证观的，把“补”与“强”割裂开来甚至对立起来是完全错误的。从全国来看，2019 年水利投资规模创历史新高，投资计划执行效果最明显，重大工程开工数量也远超预期，这一组“新”“最”“超”就是最好的诠释。之所以能有这么好的结果，就是因为水利改革发展总基调抓住了水利相关的痛点、堵点、难点，特别是通过强监管，相关部门深切感受到把资金投向水利有成效、能放心，赢得了各方的有力支持。从地方看，凡是强监管有力的地区，补短板成效也比较明显。比如福建，强监管工作走在前，补短板工作也位列第一方阵，2019 年落实水利投资超过 390 亿元，投资完成率超过 95%。反之，强监管乏力的地区，补短板也比较弱，有的地方工程、河湖管得不好，投资计划完成率也不高。强监管是总基调的主旋律，是当前和今后一个时期水利工作的首要任务，是现在就要花主要精力抓紧办的事，各级水利部门在工作布局上一定要牢牢把握这一条。

第4章 水利行业强监管的思路

强监管是新时代水利改革发展的主基调，是对我国治水主要矛盾已经发生深刻变化的重要判断，意味着我国治水的工作重点也要随之改变，需要在体制机制及制度建设上多点发力。本章重点研究水利行业强监管思路，试图提出一些有益的见解和观点。

4.1 水利行业强监管的总体思路

水利行业要实现强监管、大格局的目标，必须塑造强度上的韧性，硬监管与软监管结合；扩大广度上的多元性，元监管与协监管互动；提升深度上的精准性，智监管与微监管相融。多管齐下、多头并举，严格按照党中央提出的新时代的治水理念，走出一条具有中国特色的水利行业强监管道路。

4.1.1 硬监管与软监管结合

4.1.1.1 以硬监管固支撑

硬监管，就是以控制、命令的硬性方式来对监管客体进行惩罚、管制。水利行业强监管包括横向与纵向两个维度：横向上指政府机构对一切破坏水环境的行为所进行的管制，其有效性根植于其威慑力，而威慑力来自法律的强制性；纵向上指水利行业内部，上级部门对下级部门在治水理念上、治水方针上、治水行动上的督导，其方式主要是靠问责。

（1）完善水利行业强监管相关法律。监管的过程大多被概念化为法律和正式权威的行使，这样的风格具有大量的积极特征，并对大多数的组织系统起到了良好的促进作用。目前与水利行业相关的法律包括四个：《中华人民共和国防洪法》《中华人民共和国水法》（以下简称《水法》）、《中华人民共和国水污染防治法》《中华人民共和国水土保持法》；行政条例22个，主要涉及几条重要流域的管理条例。法律与行政条例在数量上显得并不薄弱，但在具体的实施细则上、与部门规章的有序衔接上，仍有较多需要完善的地方。

第一，水利行业监管部分领域法律盲区多，急需出台有关法规。比如在河道采砂方面，尽管《水法》《河道管理条例》明确规定了河道采砂实行许可制度，但内容不够具体，缺乏可操作性；由于河道主管机关和流域机构没有强制执行权，水行政处罚的执行需要申请地方法院强制执行，具有滞后性。同时需要公安机关维护治安秩序。一旦违法分子隐匿资产，往往导致行政处罚变成一纸空文；禁采区、禁采期的划定缺乏强制力做保障，在采砂管理中难以付诸实施；而对河道内超深采砂由于无章可循而无法查处。

第二，水利生态系统需要多部门联动，形成环环相扣的完整体系。水具有流动性，水生态保护是一个包含水但不仅限于水的系统工程，需要水利部同生态环境部、自然资源部形成联动，配套的法律也应有效匹配。

第三，对违反水环境保护的行为所采取的惩罚力度不够，需要增强监管威慑力。如在长江宜宾以下干流河道内从事开采砂石及其管理活动的，依据《长江河道采砂管理条例》进行处罚，可以给予“责令停止违法行为；没收违法所得和非法采砂机具；10 万元以上 30 万元以下的罚款；扣押或者没收非法采砂船舶，并对没收的非法采砂船舶予以拍卖，拍卖款项全部上缴财政；吊销河道采砂许可证”等行政处罚。目前我国除长江采砂管理可依据《长江河道采砂管理条例》外，对一般违反河道采砂管理法规的处罚只能根据《河道管理条例》，给予“责令停止违法行为、采取补救措施、警告、罚款、没收非法所得”等行政处罚，明显缺乏打击力度。

（2）增强水利行业强监管问责力度。为保障制度的实施，2013 年国务院出台《实行最严格水资源管理制度考核办法》，以促进和激发地方政府严格管理水资源的积极性。显然，上述文件的贯彻和实施，要建立起针对政府相关部门的监督问责机制，以确保地方政府能够充分贯彻和执行中央文件精神。

第一，规范问责主体，强化组织保障机制。首先，要落实水资源管理监督问责机制，就需要解决谁来问责的问题，也就是要明确责任主体，强化领导责任。具体而言，各级政府要成立必要的监督问责管理机构，落实领导负责制。要构建起相应的工作制度和具体的实施方略，逐级明确责任，构建起组织严密、领导有力的组织保障机制。其次，要完善水资源管理监督问责机制，还必须解决管理责任问题。对水资源管理执法过程中的执法不严等行为要严肃处理，对相关责任人要依法进行问责。要进一步加大监管和考核力度，赏罚分明，对先进人员要予以表彰和奖励；对失职人员要给予相应的惩处。最后，要落实水资源管理监督问责机制，还必须要强化内部监督。建议在原有的问责制度基础上，各级政府要抽调水利专业人才构建水资源监督问责工作小组，专职负责水资源管理制度的落实和监督问责机制的落实，实现事前提醒、事后监督的工作模式，以充分发挥监督的独立性和专业性，有效预防行政不作为和乱作为的现象发生。

第二，完善制度保障机制。制度是实现社会管理的基础和行为准则，良好的制度是一切社会活动得以顺利开展的前提。因此，要落实水资源管理监督问责机制，解决当前的水资源管理困境，就必须要从以下几个方面完善制度保障。首先，要健全法律法规。当前，我国社会法律法规均侧重于水资源的开发、利用和保护，而在监督问责方面没有单独立法。因此，建议出台专业性水资源管理领域的监督问责法，对监督范围、形式和目标进行明确界定，对水资源管理部门的问责进行详细规定，实现水资源管理监督问责有法可依，促进监督问责的标准化和规范化。其次，要实施水资源管理监督问责信息公开制度。社会公众享有知情权，才能有效行使监督权。信息的不公开、不透明是影响当前公共政策有效贯彻的重要因素。各级政府要基于《政务信息公开条例》，主动公开政务信息，将水资源管理行为置于社会公众的监督和问责下。此外，要实施政务信息公开，还要维护好新闻媒体的报道权，使社会能够迅速、充分地获取政府的政务信息，为实施水资源管理监督问责机制提供信息支持。最后，水资源管理不同于一般的政务管理，具有极强的技术性和专业性，这也给水资源管理的考核带来了一定难度。因此，各级政府要基于水资源监督问责工作小组，建立水资源管理监督考核制度，并将考核结果对社会公开通报，接受社会监督。在考核制度的构建过程中要广泛征求科研机构、高校和社会的意见和建议，综合考量考核指标的科学性和操作性，确保考核制度的有效落实。

第三，完善问责程序。水资源管理监督问责机制的运行，不仅需要构建完善的监督问责制度，更有赖于一套科学、规范的运行程序。首先，要完善水资源管理问责的启动程序。当水资源管理部门出现行政失范行为后，有关部门应立即成立调查组展开调查，并最终出具调查结果。问责主体根据调查结果与危害程度，依据有关法律法规决定是否启动问责。在问责启动过程中要坚持集体决策的形式，减少问责启动失误。其次，要健全责任追究制度。责任追究制度是强化政府部门责任意识，确保政令畅通的重要手段。在问责程序启动后，问责主体要依据调查结果，判定相关责任人的责任形式和大小，并作出相应的惩罚。此外，责任追究要和水资源管理监督考核相结合，建立健全责任追究制度，做到出现问题及时处理。最后，拓宽问责救济途径。救济制度是社会法制化建设的重要内容，是监督问责机制的重要补充。由于水资源管理的技术性和复杂性，在调查过程中极易出现偏差错乱，因此完善救济制度极为必要。当前，我国还没有形成完善的法律救济体系，问责救济还不完善，特别是问责对象申诉困难，行政复议范围过窄等问题。因此，需要不断拓宽问责救济途径，不冤枉一个好人。

4.1.1.2 以软监管增韧性

软监管就是依靠公共价值的塑造来将水利行业强监管带入治理现代性的一

种重要方式。软监管的理念在国际治理中得到了广泛应用，欧盟已经有能力使用软性工具来解决自己常规能力范围之外的政策问题，初步实现了从正式工具到以协商为基础的软性工具的转变，实现了许多传统治理方式无法实现的目标。

公共价值认同即公共领域内公众意志的一致表达。任何个体的行为动机都存在着合目的性的要求，为了回应对利益的诉求，个体与个体之间的互动交往始终隐藏着相互的价值认同，个体的价值追求在这样的认同机制下选择有利的条件和手段进行交互。不仅个体与个体如此，事实上，个体与集体、社会也采取同样的逻辑进行交互。不过，个人与集体、社会之间本身应是一种抽象交互，主体性的个人在表达自身利益诉求的过程中往往会忽视公共利益而强化私人利益。为更好地规避私利的过度张扬，弘扬和培育公共领域内的公共价值认同和追求就成为一条行之有效的方式，水利行业强监管作为公共价值认同也就在此基础上出发，且随着对公共价值认识的不断深化，这种认同感也会随之加深，最终完成对公共价值的公共性生成，这便是水利行业强监管公共性生成的运作机理，由此可见，公共价值认同便是水利行业强监管公共性生成的出发点。

水利行业强监管的公共价值认同最直接的表现便是构建了属于自身的水利行业强监管话语体系。水利行业强监管话语体系阐述着中国情、践行着中国梦、表达着时代内涵、构筑着水利行业强监管自身的话语范式，受经济和社会发展双向规约。必须以新时代治水精神为指导，严格执行十六字治水方针，构建属于中国特色的水利行业强监管话语体系。

4.1.2 协监管与元监管兼具

4.1.2.1 以协监管创联动

协监管就是构建党政、市场、社会一同参与到水利行业强监管当中，部门横向与纵向之间搭建响应机制，改变以往只有政府独自作战的局面。以协监管创联动要从以下两个方面着手。

首先，提升公民的水素养。目前，政府部门利用“世界水日”“水法宣传周”“全国城市节水宣传周”集中向公众开展水法宣传和节水教育工作。因为相关宣传和教育活动形式单调、偏重于说教，没有形成宣传教育的长效机制，广大群众的参与性和积极性远没有调动起来。在节约用水的宣传和教育工作中，应重视民间团体和组织的力量，推进公众广泛参与节水，如在社区居委会、街道办或村委会的指导下成立节水互助小组，让居民之间互相学习节水知识，共享节水“小窍门”，互相监督不文明用水行为，争创节水型家庭，提高群众的节水意识。

其次，科层、市场、网络齐发力。科层机制通过命令解决交易主体之间讨价还价的不确定性，市场机制通过产权交易和市场竞争，能够较好规制公共池塘资源面临枯竭的机会主义消费行为，网络机制鼓励多元参与，冲破公私划分、模糊府际边界形成社会资本。

4.1.2.2 以元监管守核心

元监督就是在保留监督治理网络多元参与的前提下，确定政府作为元治理者的协调作用，对监管网络的再次监管，实现“1＋1＞2”的效果。元监督包括 3 个要件：第一，承认授权与分权；第二，意识到强大中央控制与指导的必要性；第三，趋向于对公共部门的行为环境进行控制，而不仅是对行为本身。元监督既非重回传统的科层制，更非对任何一种机制的摒弃，而是从更高层面统筹科层、市场、网络，将多种机制整合产生蝶变效应。

4.1.3 微监管与智监管相融

4.1.3.1 以微监管通全局

微监管主要是对小微水体的监管。大江大河是地球的生命动脉，小微水体是地球的毛细血管。所谓小微水体，指的是分布在城市乡村的沟、渠、溪、塘等，特点是流动性差、自净化弱、规模小、数量多。小微水体不仅有生态涵养价值，而且大多在群众身边，与群众的生产生活关系最为密切，因此小微水体污染也是群众反映强烈的环境问题之一。

整治小微水体污染，不少地方实施了河长制湖长制。以北京为例，将“河长吹哨，部门报到”工作机制创新融入小微水体整治，取得明显成效。如顺义区全面排查辖区河道、沟渠、马路边沟、坑塘、房前屋后排水沟，建立问题清单，实行“拉条挂账、逐个销号”式治理。经过一年多综合治理，位于后沙峪镇的罗马湖水质清澈、环境优美、景色迷人，被当地不少百姓称为北京的“小后海”。

治理小微水体，疏通“毛细血管”，既要有流域治理、系统治理的思路，坚持大小共治、水岸同治，下好河、湖、库、沟、渠、坑、塘“一盘棋”；又要细致入微地下一番“绣花”功夫，仔细分析小微水体存在问题的根源，精准施策，对症下药。各区涌现不少经验，有的做好查污溯源，及时查处、严惩违法排污行为；有的注重运用植物、生物等生态治理技术，着力提升小微水体的自净能力；有的动员全民参与，把维护水系环境写入“村规民约”，充分发挥志愿者力量，共同营造爱水护水的浓厚氛围。事实证明，找对药方，下足功夫，就没有防不住、治不好的“污染症”。

4.1.3.2 以智监管添便利

智监管就是运用大数据、交互信息平台对水利行业的强监管提供技术支持。随着水利行业强监管的要求不断提高，信息技术高度集成、信息应用深度整合的网络化、信息化也逐渐完善。强监管形势下水利、环保、自然资源等部门融合后新的监管业务亟待整合、信息化驱动业务的需求日趋明显。在全面梳理各类数据资源的基础上，对数据进行有效整合，建立统一的市场监管信息资源库也成为必然需求。建立智慧水利行业强监管平台，通过建设数据资源整合、交换、共享平台层，形成“上通-下达-内部整合-外部共享”的全面资源互助机制，满足内部和外部信息交换共享的需求，通过数据分析和挖掘，为领导决策、综合业务管理和公众信息服务提供强有力的数据支撑，成为信息化建设的重点和方向。

4.2 水利行业强监管的具体思路

4.2.1 江河湖泊强监管思路

实践证明，各地推行河（湖）长制实现了河湖有人管、管得住、管得好的目标，推行河长制是解决我国复杂水问题、维护河湖健康生命的有效举措，应当大力推广。由于现行河长制是各地以问题为导向、落实地方政府涉水主体责任的一项新制度，必然存在一些亟须解决的管理制度问题。

(1) 与现行水治理体制和管理制度实现有机衔接。河长制提高了对水问题、水治理和水管理的重视程度，体现了地方政府实施水资源保护、水污染防治、水环境改善、水生态修复四项任务的决心和魄力，使水治理成为当地政府的工作重点，党政主要负责人实际上承担了职能部门的部分职责，势必对现有水治理制度体系形成一定冲击。现行水治理体制和管理制度是在多年实践基础上形成的，既存在问题，也颇有成效。推行河长制需要与现行水治理体制和管理制度形成有机衔接，避免造成新的制度问题。应在目前相关部门分工负责、流域管理与行政区域管理相结合等体制与管理制度的基础上，着力形成有利于综合实施四项任务的治水体制和管理制度，将维护河湖健康生命、实现河湖功能永续利用的目标落到实处。

(2) 转变被动应急机制为常态实施制度。河长制最初表现为一种被动应急机制，河长制的实施，表明原有正常的制度措施无法有效解决水问题，只能另辟蹊径，建立能立竿见影、有效解决水问题的河长制。另外，地方党政负责人兼任河长具有较大随意性，容易造成权力自我决策、自我执行、自我监督的状况，形成管理上的混乱。全面推行河长制，应将河长制由原来的被动应急机制转变为常态实施制度，应加强河长制制度的顶层设计，建立必要的管理和审批程序。应按照新的发展理念和系统治理的要求，做好以水资源保护、水污染防治、水环境改善、水生态修复为主要任务的综合治水总体规划，建立长效协调机制。

（3）完善相关配套政策制度。河长制既提高了对水问题的重视程度，也强化了地方党政负责人的水治理责任。这样一个完善制度体系的形成，需要建立相应的配套政策制度措施。应按照构建责任明确、协调有序、监管严格、保护有力的河湖管理保护机制的要求，根据实施河长制的单条河流和区域河流的自然和社会功能，明确河长、相关管理部门的责任目标和相关要求，使其职责与治理目标任务相匹配。厘清责任者、参与者、受益者、监督者的权利和义务，明确相关人员承担的责任内容，包括领导责任、直接责任、间接责任和其他责任，以及河长与相关部门之间、正副职之间、不同河长层级之间的责任关系如何确定等，避免职责不清、权限不明而出现追究责任时互相推诿扯皮的情况。各地区应因地制宜，不断完善实施河长制的相关政策。

（4）完善法律法规作为支撑。现行涉水法律法规未对河长制的实施提出明确规范要求。全面推行河长制，涉及众多领域、机构、群体，需要政府、企业、社会和个人共同发力，必须建立健全有利于全面推行河长制的法律法规体系，为河长制的实施提供规范和支撑。要按照依法治水的有关要求，将规范河长制的相关内容纳入涉河、涉水法律法规和相关规章，并在不同法律法规中保持高度一致，明确全面推行河长制的相关要求，明确河长的主要职责和相关体制，规范河长的命名、主要条件要求和相关程序，规范河长制治河、治水的关键环节和目标任务，规范河长制相关责任人的监督考核。

（5）鼓励公众参与河长制。水资源保护、水污染防治、水环境治理、水生态修复离不开公众参与，公众既可通过参与维护自身的涉水、涉河权益，也可对地方政府和相关部门实施监督，督促其自觉履行相应的职责。因此需要建立公开透明的公众参与机制，更好发挥河长制的积极作用。要加强宣传引导，增强社会与公众保护河湖的意识，鼓励公众积极参与河长制的实施，在公众参与前提下不断完善河长制实施的监督考核机制。

4.2.2 水资源强监管思路

（1）“管好分水”方面。①加快推进尚未批复的跨省江河水量分配工作，强化行政协调。进一步理清分水思路，改进分水技术路线。新启动一批跨省江河水量分配工作，推进各省跨地市县江河水量分配，做到应分尽分。②对已经批复的跨省江河水量分配方案，研究制定配套措施，逐河建立台账，强化监管，督促水量分配方案的落实。③制定出台关于做好河湖生态流量确定工作的指导意见，明确生态流量确定的原则、程序、方法，制定生态流量监管措施和保障措施等，指导全国河湖生态流量保障工作。④针对选取的重点河湖和主要控制断面，制定生态流量确定准则，明确生态流量控制指标，编制保障实施方案，明确管控措施、责任分工和预警方案，组织开展重点河湖生态流量调度与监管工作，保障河湖基本生态流量（水量）下泄。各地要结合实际，研究制定生态流量管理政策，强化河湖生态流量管控。⑤推进内蒙古西辽河流域“量水而行”工作，研究提出内蒙古西辽河流域用水红线、省界断面等水资源管控指标。⑥加强重要江河和地下水监测监控体系建设，推动大中型灌区、工业和生活服务业领域取用水计量监测设施建设，尽可能实现在线监控。加快完成国家水资源监控能力建设，充分利用先进适用技术，提升水资源管理信息化、智能化水平。⑦强化取用水统计和计量监管，制定出台《用水统计调查制度》，适时开展取用水统计和计量违法行为监督检查。统计核算2018年全国和各省份降水和水资源量、供用水量、用水效率、水质情况等指标并发布。⑧制定出台水资源管理监督工作办法，明确监督重点、监督举措、监督方式、问题处置措施、责任分工等，完善水资源强监管工作机制。

（2）“管住用水”方面。开展重点取水口监督管理，建立全国重点取水口名录及台账，明确管理主体和监管责任主体。根据监管需求，提出完善取水计量监测等信息化需求，协调有关单位做好完善工作。通过暗访、飞检等方式，组织开展重点取水口监督检查工作，总结典型经验做法，发现存在的问题并组织做好整改：①先行组织开展长江流域取水工程核查登记，准确掌握取水工程情况，完成信息建库立档和“水利一张图”管理，实现流域区域信息共享，为整改提升打好基础；②研究制定《规划水资源论证管理办法》，组织编制技术导则，加强政策跟踪指导，推进中央和地方层面重大规划和产业布局水资源论证工作；③研究制定取用水总量控制管理措施，明确责任主体、管控措施，强化取用水总量监管，对达到或超过取用水总量控制指标和水量分配方案控制指标的流域区域，严格实施取水许可限批；④制定最严格水资源管理制度考核工作方案，坚持问题导向，优化考核指标，改进评价方式方法，发挥部门联动作用，按要求做好最严格水资源管理制度年度考核有关工作；⑤按照国务院部署，将取水许可纳入全国一体化在线政务服务平台，规范取水许可审批程序，推行取水许可电子证照；⑥加强水资源税改革试点跟踪指导，做好试点评估，制定全面推行水资源税改革试点工作方案。积极稳妥推进水权确权，培育发展水市场，开展多种形式的水权交易，促进水资源优化配置。

（3）除了“管住用水”之外，还应“管好用水”。①研究制定饮用水水源地分级分类管理制度，提出饮用水水源地分级分类管理要求，明确重要饮用水水源地名录准入与退出机制。②开展饮用水水源地安全保障达标建设和检查评估工作，建立问题通报和整改销号机制，推动重要饮用水水源地整改提升。加强重要饮用水水源地水量水质监测，及时通报水源地存在的风险和隐患。③实施河湖水系连通项目，充分总结水生态文明城市建设试点经验，做好宣传推广，打造一批水生态文明建设样板。④加快推进南水北调东中线一期工程受水区地下水压采，充分利用南水北调水置换超采的地下水和被挤占的生态用水，组织对受水区压采工作开展评估考核。⑤在河北、河南、山东、山西四省推动地下水超采综合治理工作，为推进地下水超采治理积累经验。⑥落实《华北地区地下水超采综合治理行动方案》，推进“一减”“一增”综合治理，如期完成河北地下水回补试点任务，做好试点评估工作。⑦积极推动出台《地下水管理条例》。启动地下水监管指标制定工作，组织提出地下水监管指标确定技术要求，为地下水管理与保护提供支撑与保障。

4.2.3 水利工程强监管思路

（1）加强领导，严格落实责任制。各级主管领导和水利部门主要负责人要高度重视水利工程建设的质量管理工作，以对国家、社会和人民高度负责的态度狠抓、严抓质量管理。各有关部门要全面落实责任制，明确单位领导、项目负责人、监督人员、技术人员和施工人员的具体责任，加强工程施工过程监督和检查。同时，要严格执行水利工程规范和技术要求，出现质量及安全问题要严格追究相关人员责任，真正做到“问题追究解决到位，警示教育作用突出，补救措施落实完善”，使水利工程建设参与人员真正担负起责任。

（2）提高工程建设参与人员的专业素质和管理能力。水利工程参与人员的素质不高也是影响水利工程建设质量的一个重要原因。工程项目的实施需要工程管理人员和施工人员的共同参与，这就要求建设单位和监理单位要选择具有良好专业素质的工程设计人员、施工设计人员和现场管理人员参与工程的建设，同时在项目实施过程中加强工程相关管理人员的专业素质培养，组织人员进行专业知识学习。工程项目管理人员要及时更新自己的知识储备，熟悉掌握新技术、新材料和新工艺的应用，具备解决工程上常见问题的能力。除此之外，要努力提高施工人员素质，定期组织专门的安全教育和专业技术知识的培训，要求施工人员在施工过程中严格按照规范和规程操作，不断提高工程质量。

（3）做好前期勘察设计，严格工程立项程序。水利勘察设计是水利工程建设过程中的首要环节，决定着水利工程最终产生的价值。为此，建设部门要严格遵守各项工程勘察设计条例及规范，依法依规进行勘察设计，认真做好工程项目经济性、可行性及风险性分析，综合考虑各方因素，确保设计方案的科学性、合理性，争取工程效益的最大化。工程设计人员要及时更新设计理念，探索采用合理、先进的技术和工艺，考虑环境、经济和社会等效益，科学预测施工工期，合理组织生产流程，降低成本，提高工程质量，切实将工程项目规划好、设计好。与此同时，要严格规范工程立项、招投标以及工程实施程序，杜绝违规操作、虚假招标或者直接发包工程项目现象的发生；严格审查投标单位资质证明，提高投标单位准入标准。

(4) 保证工程监管部门职权，加强工程施工管理。水利工程的实施离不开工程监管部门的监督管理。在工程实施过程中，上级部门要明确工程监管部门的职权和责任，确定其监督管理范围，杜绝政府等建设管理部门进行行政干预，避免出现建设方压价工程资金、拖欠工程款和随意缩短工期等不规范现象的发生。加强工程施工管理，完善施工单位质量保证体系，严格进行质量检测和施工资质验证；从施工人员、工程材料、施工机械、施工工艺、施工环境等方面做好工程质量监督和管理，对工程进行中的每一个环节都要监督到位、检查到位和落实到位，争取做到"施工前认真安排，施工中仔细检查，施工后严格验收"；加强施工队伍的内部管理，严把工程材料入口关，严格执行工程施工工艺和施工要求，保证工程保质保量完成。

4.2.4 水土保持强监管思路

水土保持工作要深入学习贯彻党的十九届四中全会以及黄河流域生态保护和高质量发展座谈会上的重要讲话精神，聚焦水利改革发展总基调，以健全制度和强化落实为重点，着力解决好体制性、机制性和政策性问题，推动"强监管、补短板"成体系、见实效、上台阶。

(1) 构建系统完备、务实管用的制度体系。按照守正创新的原则，系统梳理水土保持现有政策制度，找准当前制度建设和执行方面存在的问题及原因，做好"废立改"工作。建立健全最严格的人为水土流失监管制度、两手发力的水土流失治理政策制度、完善水土保持监测和评估考核制度，着力强化制度的执行力、威慑力和操作性，为强监管补短板提供制度保障。

(2) 建立权责明晰、协同高效的责任体系。充分发挥水利部直属单位和流域机构的作用，构建形成水利部、直属单位、流域机构和省市协同的水土保持督查体系，对水行政主管部门依法履职情况开展逐级督查，突出对制度执行情况的监管。对发现的突出问题严格督查问责，确保制度执行到位、责任落实到位。

(3) 健全以体制机制创新为核心的保障体系。适应新形势新任务要求，研究提出新时期进一步加强水土保持工作的意见。做好对省级政府水土保持工作情况的考核评估，健全中央统筹、省负总责、市县抓落实的工作体制。总结水土保持工程建设以奖代补试点工作经验，推进工程建管机制改革，加快重点区域水土流失治理。按照中央与地方事权，落实人为水土流失卫星遥感常态化、全过程监管机制，确保看住人为水土流失。

（4）完善以监测、规划、科研、标准为基础的支撑体系。组织开展全覆盖的年度水土流失动态监测，深入挖掘和抓好监管成果应用，提升监测支撑能力。提出水土保持监测点优化调整方案，推进监测点建设。抓好水土保持重大科技问题研究，科学编制水土保持改革发展“十四五”规划。优化水土保持技术标准体系，加快制修订工作。同时，切实提高政治站位，以永远在路上的鲜明态度，持续加强党建和党风廉政建设。进一步深化巩固“不忘初心、牢记使命”主题教育和形式主义、官僚主义集中整治成果，大力践行新时代水利精神，努力打造一支想干事、能干事、能干成事的水土保持队伍，以务实的作风保障党中央国务院和水利部党组决策部署落地见效。

4.2.5 水利资金强监管思路

（1）坚持明责定责，构建闭环责任体系。坚持事权与支出责任相适应，实现权力与责任对等，按照“谁申报项目、谁确定项目、谁核实数据、谁使用资金、谁负资金管理的主体责任”原则，明晰水利主管部门与项目实施单位、内部财务部门与项目管理部门的管理责任，探索构建了省、市、县及实施单位四级权、责、利相统一的责任体系，落实了《中华人民共和国安全生产法》第十七条规定：“管行业必须管安全、管业务必须管安全”的要求，其中资金安全是核心。

（2）创新监管方式，规范资金监管手段。针对各级水利部门在巡视、审计监督等发现的系列问题，应从源头上查原因，从机制上想办法，从制度上堵漏洞，创新监管方式和制度，构建良性运行机制。

省级备案与属地监管方面：①对采用因素法、目标任务法、绩效考核法等方式切块下达的水利资金，实行省级备案。县级将确定的水利项目安排情况及项目实施方案报省级水利部门备案并抄送市级水利部门，作为省级和市级考核、检查的依据。县级报备情况纳入绩效考评范围。②按照“条块结合、以块为主”的原则，强化资金使用属地监管，实现水利资金与监管责任同步落地。使用水利资金的市县级水利主管部门履行具体监管责任，监督项目单位对项目实施真实性、资金使用合规性、报账资料完整性负责。市级水利主管部门要多措并举制定合理监管方案，采取重点核查、不定期抽查巡查等方式，发挥就近监管的优势。县级水利主管部门要加强现场巡查、实地核查、项目督查。

随机抽查与委托监管方面：①根据水利资金管理实际，制定水利资金随机抽查清单，明确抽查依据、主体、内容、方式等。建立随机抽取检查对象、省级随机选派检查人员的“双随机”抽查机制。合理确定随机抽查比例和频次，对日常检查发现问题或投诉举报较多的重点区域、重点项目及重点资金加大随机抽查力度。对同一或同类水利项目的多个检查事项合并抽查，降低监管成本。②采取政府购买服务方式，聘用第三方机构直接开展水利资金监督检查、绩效考评等事项，对某一领域定期开展专项检查。坚持“以需定购”，建立政府部门与中介组织长期合作机制，逐步扩大委托监管范围。坚持“以效定酬”，将评审结果与服务报酬挂钩，鼓励中介机构加强学习、研究水利资金政策，提高委托监管质量。被聘用的第三方机构应依法确保所出具的检查报告的真实性，并承担相应的违法追究之责。

日常监管与项目库管理方面：①坚持优化完善水利资金分配、拨付、使用各环节的监管流程，对水利资金风险点进行识别和防范、控制和化解，实现资金运行全过程监管，突出对重要水利支持政策、重点涉农领域和重大涉农项目资金的风险防控。建立水利资金日常监管工作台账，对监督检查发现问题的整改落实情况实行“销号制”管理。②在编制中期财政滚动规划基础上，依据本地水利中长期发展规划，围绕水利工程补短板、水安全有效保障、水资源有效利用、水环境优美宜居等重点领域、关键环节，分类建立和完善项目库，规范申报、评审、审批办法，实行过程公开，接受社会监督。主动统筹协调财政部门或相关部门提出年度统筹资金的重点项目清单。项目库实行动态管理、部门间信息共享。项目库之外的原则上不安排资金，做到“精准滴灌”。③明确监管重点，精准发力，有的放矢。水利资金点多面广线长，监管难度大。各级水利财务部门应从水利资金监管的焦点、难点中寻找改革切入点，明确监管的重点，各级水利财务人员可以按图索骥，精准发力，做到水利资金监管有的放矢，推动中央、省级资金政策有效落地。主要重点监管以下几个方面。

统筹整合与资金公示方面：①主要核查是否执行国务院、水利部和省委、省政府、省财政厅、省水利厅关于推进统筹整合资金文件精神情况；是否实行“大类间统筹、大类内打通”办法，对负面清单之外的资金自主安排、统筹使用；是否加大水利行业内资金的整合，针对多头管理、交叉重复、使用分散的问题，统一分配主体、分配程序、分配办法，明确政策目标、扶持对象、管理责任，提高资金使用效益；是否围绕精准扶贫、水利补短板等主要工作任务目标，按照水利规划科学编制具体实施方案，并分年度分项目提出建设任务、补助标准、资金规模、筹资方式、绩效目标、时间进度等，做到可操作，可考核；是否强化资金项目对接落实，防止统筹后的资金再次分散；是否协调推进行业间资金统筹，不断优化统筹路径和方法，统筹资金支持水利建设发展；是否做到统筹资金分配、使用、管理、监督全过程管理，有无“假统筹”“数字统筹”等虚假统筹现象。②主要核查是否落实资金公示公告制度；是否做到水利资金政策文件、管理制度、资金分配、使用方向和使用单位等信息向社会公开；是否配合有关部门落实对乡村两级资金项目的公告公示，接受群众和社会监督。

资金分配与使用管理方面：①主要核查是否落实水利资金分配主体责任，提高资金分配的科学性、高效性、规范性；是否围绕“水利”重点工作，根据扶持政策性质确定资金具体分配方式，优先用于以重点项目为平台、以规划为引导统筹以及奖补资金为引领统筹的水利项目；是否执行“无预算不支出”规定，结合精准扶贫脱贫攻坚和水利补短板等规划，编制水利中期财政滚动规划；水利部门在收到上级转移支付文件后，是否及时提出或协调相关部门提出分配方案报财政部门或政府批准；财政部门下达资金后是否严格按照分配方案及时拨付各实施主体；对纳入统筹范围的资金，是否统筹协调相关机构，并按统筹相关要求执行。②主要核查是否按统筹资金方案或相关专项资金使用管理办法执行；是否执行“双台账”管理制度，实行专账管理，加强资金流向、支付进度、结余存量等实时监控，做到定期会商、季度报告；是否按照“谁用钱、谁负责、谁报账”的原则，规范报账程序，在确保资金安全的前提下，优化资金支付审核流程，简化工作程序，明确报账各环节审核时限要求，加强资金滞留责任倒查和责任追究，提高审核和支付工作效率；是否存在挤占挪用、截留私分、虚报冒领、套取骗取水利资金等方面的问题。

资金拨付与盘活存量方面：①主要核查是否完善项目库并实行动态管理，做到转移支付资金及时拨付使用；是否简化工作程序；对工程类资金是否有效衔接政府采购、投资评审、招投标、绩效评价与项目开工、资金支付的时间，建立提前下达、分期下达、分批拨付、预拨清算等机制，建立资金预拨、分年验收、分年结算机制，建立资金按任务完成情况同比例下达的激励机制，做到不因管理环节影响项目开工建设，加快水利资金预算执行，确保水利资金早支出、早见效；是否完善支出进度分析制度、月告函制度，对资金使用进度低于序时进度的实施主体及时发函提醒，督促加快资金使用进度，建立预算执行激励约束机制。②主要核查结转结余资金盘活使用情况，是否存在水利资金趴在账上的现象；是否严格执行结转结余资金清理、收回、统筹的政策规定，加强分类管理，清理长期固化项目和非急需的支出项目，对其中绩效不高、资金沉淀的是否减少或不再安排预算；是否建立预算安排与结转结余资金管理、存量资金消化情况挂钩机制，激活存量资金，提高资金使用效率。

4.2.6 水利行政事务强监管思路

(1) 推进服务型政府建设，引导社会公众参与。长期以来，我国均采取一种统治型政府的管理模式，较少顾及社会公众的民主权利。在新的历史背景下，政府工作必须转变观念，实现统治型政府向服务型政府的转变，这势必会对水资源管理工作带来深刻影响。政府在今后的水资源管理工作中必须要和社会公众、企业形成良好的合作局面，实现多方共赢，从而促进政府、社会和企业更加关注水资源管理工作。就水资源管理的监督问责机制而言，其一方面对改善水资源的开发利用与保护具有重要的促进作用，另一方面对被监督问责者而言是一种典型的负激励机制。因此，必须要依靠相关法律法规的规定，进行强制性的约束和行为修正。对水资源管理的监督问责的社会参与而言，其负激励机制的特征亦十分明显。因此，要使社会公众积极参与到水资源管理的监督中来，就需要政府规范相关的管理制度，为社会公众参与水资源管理提供政策环境：首先，要积极利用微博、微信等新兴网络媒体，为社会参与水资源管理提供多元化平台；其次，对取得良好监督效果的行为，政府应该给予相应的奖励，以激发全社会参与监督的积极性；最后，对社会监督行为，政府不可存在排斥心理，要保障监督者的合法权益，尤其不能打击报复。此外，在加强社会监督的同时，还要进一步加强内部监督，特别是加强监察、审计、政协等部门的监督力度，通过内部与外部监督的有机结合，确保水资源管理部门能够正确行使职能。

（2）进一步明确流域与区域管理职责。进一步加强流域管理与区域管理相结合的管理体制的研究和探讨，理顺管理关系，明确管理职责。在管理方式上，区分重点河段与非重点河段，实行分级管理。以黄河流域为例，对省际界河的大中型建设项目，由黄河上中游管理局初审，报黄委会审查；小型建设项目由省级水行政主管部门提出意见，报黄河上中游管理局审查。对非省际界河的大中型建设项目由黄河上中游管理局审查，报黄委会备案；小型建设项目由地方水行政主管部门审查，报黄河上中游管理局备案。加强与区域各省区水行政主管部门的联系，相互沟通，团结协作，努力实现流域与区域管理的有机结合，以推动黄河上中游水行政监管工作健康有序发展。

（3）加强执法队伍建设。水行政监管人员素质的高低，直接影响着水行政执法效果。全面提高水行政监管人员的整体素质，要做好以下几方面的工作：首先，加强水行政监管人员法律法规、水政水资源、水保等相关专业的培训、学习，使其较为系统和全面地了解和掌握，丰富水行政人员的专业知识，为水行政执法人员依法行政打好基础；其次，加强水行政监管人员政治思想教育。在水行政执法过程中，一名水政监察员如果没有良好的职业道德，就不可能具有政治上的坚定性，执法上的严肃性，只有他们都具备了较高的素质，才能得到群众的信赖和支持，才能秉公执法，文明办案；再次，建立健全执法制度。要规定水行政执法机构和水政监察人员相应的责、权、利，把法定的权利进行分解、量化、细化，明确执法范围、权限、程度、标准和责任，制定配套考核标准和奖惩办法；最后，要充实人员，进一步加强领导。

（4）加大执法力度。坚持流域管理与区域管理相结合的原则，全面履行监管职责，进一步加大监管力度，突出重点，集中突破。第一，严格依法管理。

全面强化对河道建设项目的监督管理，对新、改、扩建的各类工程要严格履行行政许可审批制度，加强技术论证，禁止越权审批或无证乱建的现象，努力杜绝严重阻水碍洪建设项目。第二，突出重点。重点加大干支流省际界河段的监管力度，通过日常监督检查和重点巡查，通过对在建项目的现场检查，及时发现问题，及时处理问题，积极预防新发水事违法活动，防止水事违法事件的蔓延和扩大。并通过加大水行政执法力度，积极查处违法典型案件，有效预防水事纠纷。第三，坚持总量控制和定额控制的原则，严把新、改、扩建取水项目的行政初审关，认真落实水资源论证制度，积极推进水权转换工作的健康发展，努力实现取水许可与水调督察的有机结合。

（5）保障经费投入。《中华人民共和国水法》《中华人民共和国防洪法》赋予流域管理机构的职责比较明确，流域机构的行政管理与执法是代表国家行使管理与执法权的。因此，机构人员应明确其属于国家行政编制人员，对其人头经费、执法管理办案公务费、装备设备费以及专项事业费等应予以保证。水利行业强监管不仅需要大量的人力投入，而且需要购置先进的技术设备，开发综合性管理平台，收集大量的实际数据等。另外，河道违章建设可能引发省际水事纠纷的影响等方面的问题日趋突出，监管地位更显重要，而且监管战线长、范围大、任务重和管理难度大，加上在这方面的工作起步较晚，单位经济基础薄弱，交通设备和装备落后，建议上级应设立专项经费予以解决，以保障水利行业强监管和水行政管理工作健康发展。

第 5 章

水利行业强监管的体系构建

水利行业强监管的目的是规范人的行为、纠正人的错误行为。“人的行为”问题极其复杂，需要从系统的、科学的、战略的视角进行设计与规划。本章重点研究水利行业强监管体系的基本原则、构建思路与具体内容等，致力于形成中国特色水利行业强监管体系，服务于新时代水利事业的改革与发展实践。

5.1 水利行业强监管体系设计的基本原则

建立科学的水治理体系，必须全面强化水利行业监管。水治理体系和水治理能力现代化，是新时代水利改革发展的重要目标，其核心是水治理体系。科学的水治理体系，既要有完备的水治理制度，又要有良好的制度执行能力，二者缺一不可。当前我国面临的诸多复杂水问题，从形式上表现为水危机，本质上却是水治理的危机，突出反映在水治理的执行能力和执行效果与目标要求有差距，表现在水治理体制机制与“调整人的行为、纠正人的错误行为”的治水思路不适应。因此，应对水治理危机，必须转变治水思路，进一步健全水利法制法规和水治理体制机制，特别是要建立起强有力的水利行业监管体系，推动水治理体系和水治理能力现代化建设。

5.1.1 坚持党集中统一领导原则

“坚持党的集中统一领导，坚持党的科学理论，保持政治稳定，确保国家始终沿着社会主义方向前进的显著优势”。党的十九届四中全会从 13 个方面系统总结了我国国家制度和国家治理体系的显著优势，把“坚持党的集中统一领导”放在首位。中国特色社会主义制度是一个严密完整的科学制度体系，起四梁八柱作用的是根本制度、基本制度、重要制度，其中具有统领地位的是党的领导制度。

中华人民共和国成立以来，正是因为始终在党的领导下，集中力量办大事，我国水利事业才取得了一个又一个伟大壮举，如长江三峡工程、南水北调工程、小浪底工程等，才能成功应对一系列重大风险挑战、克服无数艰难险阻，始终沿着正确方向稳步前进，如黄河从先秦到1949年以前的2540年里，共决溢1590次，改道26次，其中大改道5次。决溢范围北起天津、南达江淮，纵横25万km^2。新中国成立以后，黄河治理由历史上防治下游洪灾为主转向全流域大规模除害兴利、综合治理，传统江河技术与现代水利技术相结合，确保了下游岁岁安澜。我们之所以能创造世所罕见的水利事业发展奇迹，最根本的是因为党领导人民建立和完善了中国特色社会主义制度，不断加强和完善国家治理。

党的领导制度是我国的根本领导制度。在中国的水利治理体系中，党中央是坐镇中军帐的"帅"，车马炮各展其长，一盘棋大局分明，体现为总揽全局、同向发力的效率，体现为高度的组织、动员能力，体现为长远的规划、决策和执行能力。70年的水利发展历程充分说明，坚持党的集中统一领导，是党和国家的根本所在、命脉所在，是全国各族人民的利益所在、幸福所在。

5.1.2 坚持人民为中心原则

"治国有常，而利民为本。"党的十九届四中全会作出的一系列重大部署中，从坚持和完善人民当家做主制度体系，到坚持和完善中国特色社会主义行政体制，从坚持和完善统筹城乡的民生保障制度，到坚持和完善共建共治共享的社会治理制度，充分体现了以人民为中心的发展思想，彰显了我们党治国理政的不变初心与使命担当。

中华人民共和国成立以来，水利事业砥砺奋进的70年，充分体现了中国共产党发展靠人民、发展为人民的初衷，是广大人民获得感、幸福感、安全感不断增强的70年，体现了我国国家制度和国家治理体系坚持以人民为中心的发展思想，不断保障和改善民生、增进人民福祉，走共同富裕道路的显著优势。水利事业大多属于公共管理与公共服务范畴，具有普惠性、基础性、兜底性等特点，因此，必须坚持以人民为中心加强监管。"水利工程补短板、水利行业强监管"是水利部部长鄂竟平针对新时期水利形势，提出的水利事业发展总基调，为推动水利行政体制改革、政府职能转变、效能提升指明了方向。

水利行业强监管主体必须坚持以政府为主导，充分发挥市场经济优势，广泛调动社会公众积极参与。水利行业强监管必须认真贯彻落实十九届四中全会精神，坚持和完善中国特色社会主义行政体制，坚持一切行政机关为人民服务、对人民负责、受人民监督，加快转变政府职能，创新行政方式，提高行政效能，强化对行政权力的制约和监督，建设人民满意的服务型政府。

5.1.3 坚持依法监管原则

党的十九届四中全会强调坚持和完善中国特色社会主义法治体系，提高党依法治国、依法执政能力。全面依法治国，是坚持和发展中国特色社会主义的本质要求和重要保障，是实现国家治理体系和治理能力现代化的必然要求，事关我们党执政兴国，事关人民幸福安康，事关党和国家长治久安。

水利部部长鄂竟平在2019年1月15日召开的全国水利工作会议上表示，水利工作的重心将转到“水利工程补短板、水利行业强监管”上来，这是当前和今后一个时期水利改革发展的总基调。鄂竟平同时表示，将坚持以问题为导向，以整改为目标，以问责为抓手，从法制、体制、机制入手，建立一整套务实高效管用的监管体系，从根本上让水利行业监管“强起来”，形成水利行业齐心协力、同频共振的监管格局。

当前我国治水的主要矛盾已经发生深刻变化：从人民群众对除水害兴水利的需求与水利工程能力不足的矛盾，转变为人民群众对水资源水生态水环境的需求与水利行业监管能力不足的矛盾。其中，前一矛盾尚未根本解决并将长期存在，而后一矛盾已上升为主要矛盾和矛盾的主要方面。下一步水利工作的重心将转到“水利工程补短板、水利行业强监管”上来，这是当前和今后一个时期水利改革发展的总基调。

在我国水利事业发展中，出台了一系列法律、法规，如《中华人民共和国环境保护法》《中华人民共和国水污染防治法》《中华人民共和国水污染防治法实施细则》等，但远远不能满足新时期水利行业强监管的需要，期待出台更加科学、合理、符合时代需要的《中华人民共和国水利行业监管法》等。

5.1.4 坚持多元主体协同原则

国家治理体系和治理能力集中体现了一个国家的制度和制度执行能力。十八大以来，中央多次强调要“加快形成党委领导、政府负责、社会协调、公众参与、法制保障的社会管理体制”，实际上已经体现出多元共治的理念雏形。这一转变意味着国家治理的主体发生了变化，政府不再只是治理的唯一主体，而且也是被治理的对象；社会不再只是被治理的对象，也是治理的参与者。由此可见，水利行业强监管必须解决监管主体多元化问题，同时让各种主体充分发挥作用，整合力量不断推进监管效能。

水利行业强监管是为了全面贯彻落实党的十九大精神以及新时代中国特色社会主义思想，积极践行“节水优先、空间均衡、系统治理、两手发力”的治水方针。如何使水利行业“强监管”真正强起来，本书认为，不仅仅要在实际工作中坚持以问题为导向为原则，处理好综合监督与专业监督两方面的关系，而且要抓好队伍建设、制度执行和信息化建设，盯住水利监管的发现问题、确认问题、整改问题、责任追究四个关键环节，最关键的是如何发挥市场作用，调动社会公众广泛参与。

监管问题属于人的行为问题，行为问题便是人的思想意识问题。“水是生命之源、生产之要、生态之基”，这不仅展示水的重要性，更凸显了水利行业与国计民生的密切关系。因此，水利行业强监管是一个需要多主体协同参与的复杂问题、系统工程。

5.2 水利行业强监管体系的构建思路与主要内容阐释

5.2.1 构建思路

遵照上述原则，水利行业强监管体系设计思路为“1、4、8、1”，即1个目标：以人民为中心；4个体系：依法监管、系统监管、智慧监管、精准监管；8种能力：党统筹全局能力、政府监管能力、市场监管能力、社会监管能力、公共服务能力、环境治理能力、教育宣传能力、风险治理能力；1个机制：水利行业强监管评估机制。水利行业强监管体系设计思路如图5.1所示。

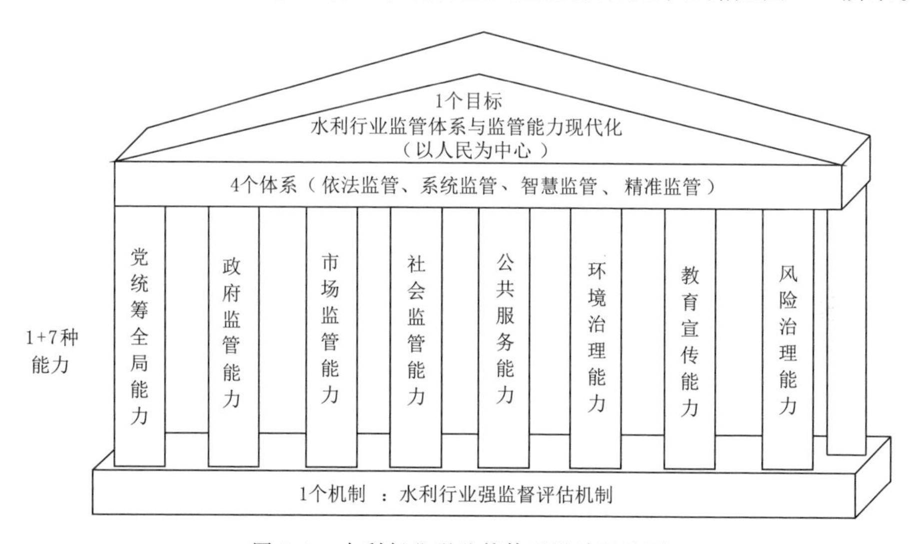

图5.1 水利行业强监管体系设计思路图

5.2.2 主要内容阐释

5.2.2.1 1个目标

即坚持以人民为中心的发展思想，建设具有善治、活力迸发、美好生活、永续发展的中国特色水利行业强监管新格局，推进水治理体系与治理能力现代化。民为邦本，本固邦宁。为贯彻落实党的十九大精神，十九届中央委员会第四次全体会议着重研究了坚持和完善中国特色社会主义优势、推进国家治理体系和治理能力现代化。其中第八个优势是坚持以人民为中心的发展思想，不断保障和改善民生、增进人民福祉，走共同富裕道路的显著优势。国家治理体系和治理能力现代化的初心和目标：更好满足人民日益增长的美好生活需要，缩小其与发展的不平衡、不充分之间的矛盾。水利行业强监管是国家治理体系与治理能力现代化建设的重要组成部分，其监管目标理所当然应是以人民为中心。

5.2.2.2 4个体系

（1）依法监管体系。在我国国家制度和国家治理体系的13个显著优势中，第三个优势是：坚持全面依法治国，建设社会主义法治国家，切实保障社会公平正义和人民权利的显著优势。坚持和完善中国特色社会主义水利行业监管体系，提高依法监管、依法执政能力，首先必须制定、完善监管方面的法律、法规与制度。从中华人民共和国水利部官方网站查询，有关水利方面的法律由4部：《中华人民共和国水土保持法》《中华人民共和国水污染防治法》《中华人民共和国水法》和《中华人民共和国防洪法》；行政法规和法规性文件23项；部门规章53项。从现有法律、法规、规章看，鲜有监管方面的专门法律、法规与规章。因此，在国家治理体系与治理能力现代化建设的新时代，为更好贯彻党中央提出的“节水优先、空间均衡、系统治理、两手发力”治水方针、落实鄂竟平部长的“水利工程补短板，水利行业强监管”总基调，急需制定、出台《中华人民共和国水利行业监管法》，在此基础上制定相关的法规与规章等。

（2）系统监管体系。水利行业强监管的主体从大类上分为：政府、市场、社会公众，但每一类主体都是一个集合体，涉及面非常广泛且层次多样而复杂。2014年3月14日，中央财经领导小组第五次会议上提出的“节水优先、空间均衡、系统治理、两手发力”的新时代治水方针，坚持山水林田湖草是一个生命共同体，强调要用系统思维统筹山水林田湖草治理。“系统治理”工作方针的提出，意义重大、要求明确，为新时代水利工作指明了方向，提供了遵循。水与社会、经济、生态环境等系统是相互作用、相互依赖、相互制约的有机整体。我国正面临着水资源短缺、水环境污染、水生态损害和水灾害严重等新老水问题。这些问题既有自然因素，也有历史原因，更有人类活动影响，要想通过良治实现水资源的可持续利用，就必须运用系统论方法寻求水治理之道。古今中外的治水实践，无不印证“系统治理”是成功解决水问题的必由之路。因此，现代水利行业强监管，就必须运用系统思维，准确把握山水林田湖草的共生关系，深刻认识水资源、水环境承载能力，统筹考虑监管对象、监管主体、监管环节、监管方法等，实现水利行业监管体系和监管能力现代化。

（3）智慧监管体系。智慧监管是水利行业强监管的必要手段。所谓的智慧监管就是要利用新一代信息技术，通过互联化、物联化、感知化、智能化手段，收集、整合、分析监管业务关键信息，让监管全链条各个功能协调运作，让监管资源的分配更加合理和充分，让监管工作能够对需求做出智能响应，让监管变得更加便捷和高效的政务服务。与传统监管相比，智慧监管在水利行业监管中应用至少有 4 个方面的作用：第一，让监管更有效。通过海量数据的充分汇集，多重叠加、相互激发、同频共振，释放出强大的监管力量，让监管的形势认得准、措施落得实、效果可评估；第二，让监管更精细化。用问题导向、服务导向的思维，依托信息技术进行业务重构，巧妙解决传统监管中遇到的难题；第三，让监管更动态实时。信息的快速传递，将改变层级化的传统工作模式，监管部门在第一时间发现问题、启动响应、妥善处置，即便是处理一个点上的问题，也会有全网共振的效果，形成强大监管威慑，这是行业生态风清气正的重要保障；第四，让监管更共治共享。水利行业监管要让各级监管部门，尤其是基层监管部门共同参与，要让广大企业和消费者共同参与，从用户出发，实现互联互通、互惠互利。

（4）精准监管体系。水利行业强监管的广泛性与复杂性，决定其必须建立精细化监管体系。精细化监管体系建立的路径可分为硬技术和软手段。所谓“硬技术”就是坚持监管方式智能化，让管起来更高效。推动人工智能向水利行业监管全面赋能，加快从人工低效管理向数字化高效管理转变。要以应用牵引智能化推进，聚焦水利项目设施、水利项目运维、水环境、水生态、水安全、水执法等领域，针对河湖采砂、水质污染、饮水安全等风险较大区域，开发更多智能应用场景，要变人工巡查发现问题为智能发现问题，通过监控探头、物联网采集数据，运用大数据、图像识别等智能技术分析数据，努力实现各类风险的自动抓取、智能研判和快速预警。所谓“软手段”就是通过教育宣传，提高广大民众的监管意识，鼓励他们积极参与水利行业监管活动，发挥相互提醒与监管作用，形成社会大监管氛围。

5.2.2.3 8 种能力

要落实以人民为中心的水利行业强监管体系机制，需要从政府自身出发，多渠道、多方位提升自身公共治理能力，将水利行业强监管 4 个体系落到实处。具体而言，相关部门需要依据自身职责，提升 8 种能力，在各部门、各层级政府以及社会公众之间形成合力，协同治理。

（1）党统筹全局能力。党的集中统一领导是党的领导这一中国特色社会主义最本质特征在社会主义国家制度层面的集中体现。党的十九大报告明确指出，中国特色社会主义最本质的特征是中国共产党领导，“最本质特征”概括和表明了中国共产党的领导核心地位。水利事业的公益性特点决定其行业强监管必须坚持党的集中统一领导，坚持党的科学理论，这一点已经被水利事业发展史所佐证，并且党统筹全局的能力有待在水利行业强监管中不断提高和彰显。

（2）政府监管能力（主要针对政府部门自身）。各层级行政部门作为水利监管的主体，其能力决定了监管工作的效果和效率。在以往的理论和实践中，政府监管能力通常指的是政府运用公共权力，通过制定一定的规则，对非政府的个人和组织的行为进行限制和调控，多表现为市场与社会的监管，即政府的外部监管，忽略了政府对于自身的监管。本书所指的政府监管能力主要是政府内部监管能力。政府内部监管是指监督主体是政府机关，政府对其所属各职能部门、主管机关、隶属机关的行为进行监督，也包括同级政府机关之间以及下级政府机关对上级政府机关的监督。根据公共选择理论，作为监管者的政府部门同样具有“经济人”属性，若不能对监管者进行有效监管，监管制度的落实和推进就难以保证。“工欲善其事，必先利其器”，“打铁还需自身硬”。各层级行政部门作为水利行业强监管的主力军，应上下一心，统一思想，形成日常监督与专项监督相结合、主动监督与投诉举报相结合、明察与暗访相结合的三结合监督机制，有效提升政府内部的监管能力。

（3）市场监管能力（政府对市场主体的监管）。水利事业大多属于公共管理与公共服务范畴，具有普惠性、基础性、兜底性等特点，需要严格监管市场主体的经济行为，一旦出现如价格监管不合理等，极易出现市场价格扭曲、市场调节机制时效、产品和服务供给资源错配等严重问题。因此，水利行业强监管对于政府行政管理部门而言，最重要的是提升其市场监管能力，增强做好新时代水利行业强监管的责任感和使命感，树立现代市场监管理念，强化监管执法，提升市场监管效能。

（4）社会监管能力（培育公共参与监管）。水利行业涉及国计民生，监管主体繁多，监管内容复杂，仅仅依靠政府监管是远远不够的，需要整个社会的关注和参与。与西方国家相比，我国社会公众在公共事务上的参与有待进一步提高。大多数民众都认为无论是水环境治理还是水利工程建设，都只是政府的事，除非危及自身利益，多数民众在监管上存在严重的政府依赖性。一方面是因为我国公共参与及社会监管的体制机制不健全，民众无法真正表达自己的意愿，社会监管效果有限；另一方面，民众对于自身参与社会监管的思想认知还不充分，多数秉持“事不关己高高挂起”的态度，社会公民意识还未形成。水利行业的发展关系到整个经济社会的进步和发展，具有长期性、复杂性的特点，由于水利工程涉及面广，利益相关者网络复杂，政府通常对于信息掌握不够完全，政府监管和治理存在很多失灵的情况，而公众参与正好可以解决这一问题。在信息通畅的情况下，社会公众的参与不仅能够为政府提供大量、及时、准确的信息，还能够有效监督社会主体自身行为，为水利行业的可持续发展提供保障。

（5）公共服务能力（政府行政部门）。公共服务能力就是公共服务主体能否意识到公共服务客体的需求并及时提供公共服务以及提供公共服务的水平如何。确切地说，公共服务能力是指公共服务主体为生产和生活提供优质的公共服务产品以满足公共服务客体的公共服务需求而具备的技能、技术和技巧。公共服务能力的强弱决定了公共服务主体在整个公共生活过程当中是否能够真正承担并办理好所有的公共服务事项。水利行业监管中，政府行政部门作为监管主体，不仅需要约束人的行为，调整人的错误行为，更需要持续满足社会民众不断提高的物质、文化、环境需求。一些政府部门为了达成环境目标，枉顾民众基本生存需求，采用过于严苛的监管行为，严重影响了经济社会的可持续发展，这种因噎废食的行为同样不可取。因此，水利行业强监管不仅要求政府部门提升监管能力，还需要其不断提升公共服务能力，推动经济、社会、环境和谐发展。

（6）环境治理能力（生态环境部门为主）。水环境的治理是水利发展中极为重要的一环。自 2015 年 4 月国务院颁布《水污染防治行动计划》，对我国水环境治理提出明确目标，可以预见，未来一段时间水环境治理将成为环境治理的重中之重，也是水利行业强监管之中需要攻克的重要难题。就当前来看，政府在水环境治理方面的监管之所以成效不显著，主要原因在于政府部门环境治理专业能力有待提升。缺乏专业能力导致政府部门环境治理政策的制定浮于表面，缺乏对产业结构、能源资源结构、城镇布局等方面的深入考量，导致政府监管手段单一、政策针对性不强、治理资金投入后效果不显著。水环境治理不仅仅是水利部门或生态环境部门的责任，更需要多部门联动，提升各部门的环境治理能力，增强沟通协作，形成生态文明建设和水利行业监督的长效机制。

（7）教育宣传能力（各部门协作）。提升水利行业强监管的前提条件是政府各部门、社会各界形成统一的思想和观念，这需要政府部门加强宣传教育工作。尤其是针对水环境治理，宣传教育能够有效提升公众的环境意识和社会参与。只有得到人民的支持，依靠人民的力量、社会的力量，才能做好这功在当代，利在千秋的民心工程。然而，当前各级政府在宣传教育方面常常存在宣传教育理念落后、手段单一、形式古板等问题，没有跟上时代的步伐。因此，对宣传教育的途径方法进行创新，使得宣传教育活动事倍功半，提升宣传教育能力是推动水利行业强监管效率和促进社会公众参与的有效途径。

（8）风险治理能力（各部门协作）。社会风险体现在社会秩序、社会治安、公共安全、生态环境各个方面，对于水利行业而言，社会风险呈现出复杂化、多元化、长期性等特点，尤其是防洪减灾等突发性事件的危害性极大，极易引发社会不安，造成严重的经济损失和人员伤亡。因此，有效提升政府部门的风险防治能力，完善水利行业风险化解机制，是社会稳定发展、人民幸福安康的保障。水利行业主管部门既要做好常态的公共管理和风险防范，又要做好非常态的突发事件应急应对处置，从上至下形成完整的责任链，对关键岗位、关键人员尤其要明确其职责意识，加强监督考核，强化激励约束，确保决策、监管、实施、参与各主体各司其职、各负其责，同时动员社会力量，坚持公共安全的维护和风险防控中，人人参与、人人受益、人人有责，打造好水利行业风险防范的“铜墙铁壁”。

5.2.2.4　1个机制

强监管的本质是强化责任落实，责任落实就需要机制设计。本书水利行业强监管体系构建就是严格遵照制度设计要求：设定一个要达到的社会目标值：水利行业监管体系和监管能力现代化，并设定了相应的约束条件：坚持以人民为中心的发展思想，建设具有善治、活力迸发、美好生活、永续发展的中国特色水利行业强监管新格局，推进水治理体系与治理能力现代化；为达到水利行业监管体系和监管能力现代化这一目标值，提出建立依法监管、系统监管、智慧监管、精准监管等4个体系，接下来针对4个监管体系制定一系列制度，在学术研究上可将4个监管体系称之为一级指标，把每个监管体系对应制定的一系列制度称之为二级指标；为落实上述制度，需要提升党统筹全局能力、政府监管能力、市场监管能力、社会监管能力、公共服务能力、环境治理能力、教育宣传能力、风险治理能力等8种能力。其中能力在制度设计中称为方法或路径。由此就形成了较为科学、合理、系统的水利行业强监管评估机制。

第6章 新时代水利行业强监管的网络化治理模式研究

“坚持和完善党和国家监督体系，强化对权力运行的制约和监督”，是十九届四中全会对我国当前行政体制改革作出的重要战略部署。当前中国特色社会主义进入新时代，我国治水矛盾发生了深刻变化，即人民群众对水资源水生态水环境的需求与水利行业监管能力不足的矛盾，取代了人民群众对除水害兴水利的需求与水利工程能力不足的矛盾。顺应新时代我国治水矛盾的发展变化，必须全面加强水利行业强监管，为全面建成小康社会提供坚实的保障。然而，由于新时代水利行业监管日益呈现高度复杂性和不确定性的状态，亟待推出一种新的水利行业监管模式，以打破传统型监管模式的局限。因此，加强水利行业强监管的网络化治理模式研究，对于破解治水失灵所面临的价值碎片化、主体多元化、客体棘手化以及介体复杂化等困境，实现融合工具理性、价值理性与主体理性于一体的水利行业新型监管发展道路，无疑具有十分重要的现实意义。

6.1 网络化治理模式的内涵与核心要素

网络化治理是近年来国际上兴起的一种新的公共治理模式，该模式主张政府、市场和公众作为社会多元治理主体，在制度化的治理结构中为实现一定的公共价值而采取联合行动。实践表明，在诸如水利产品或服务类准公共品的供给上，网络化治理模式在整合和利用资源，提高决策制定和执行质量、增强顾客满意度、提高组织灵活性和回应性等方面，要比传统的市场化治理模式更为有效。

6.1.1 网络化治理模式的内涵

随着人类社会的不断发展与进步，社会治理模式从最早的统治型治理，逐渐转向管理型治理，如今向网络化治理模式发展。进入新世纪之后，原本的社会治理模式已经不能适应社会发展的新情况，单独的社会主体无法独自解决具有跨管辖区、超越公共部门与私人部门界限等特征的人类社会问题，网络化治理便应运而生。网络化治理的勃兴彰显了现代社会公共价值，顺应了治理理论不断发展和公共管理实践深入推进的趋势，并成为在信息社会持续推进的时代背景下兴起的一种公共管理实践的新模式。基于由此产生的权利关系与技术关系，网络化治理模式的内涵呈现出不同的表现形态：立基科层制治理模式的权力关系主体所形成的纵横交错式权力网络；立基现代信息通信技术所形成的电子化治理技术而成的技术网络；立基科层制治理模式而成的复合嵌套网络。网络化治理模式既有对科层制治理模式反思而成的外部动力机制的引进，也有通过拓展各利益相关方关联网络所形成的治理创新动力。

6.1.2 网络化治理模式的核心要素

从网络化治理模式的内涵看，网络化治理模式具有扁平化结构、互动协商机制、参与化权利要素、增殖性公共价值要素等优势，将推进水利行业强监管行政管理体制改革，重构市场化背景下的社会治理结构，促进公共部门、企业、非营利组织和公民的协同治理形成等。

(1) 扁平化结构。网络化治理模式旨在通过减少行政管理层次、裁减冗余人员而建立一种紧凑、干练的组织结构，其特点是以扁平化结构为基础。与网络化治理模式相对的科层制治理范式，其治理基础则是以指挥和控制的垂直式结构为特征。在这种垂直式治理结构中，政府扮演着唯一的治理主体角色，政府内部存在着上下级之间“命令—服从”的条线关系，不同政府部门之间、政府组织与非政府组织之间几乎不存在真正意义上的合作共治关系。然而，在日新月异的技术化时代，“靠命令与控制程序、刻板的工作限制以及内向的组织文化和经营模式维系起来的官僚制度，尤其不适宜处理那些常常要超越组织界限的复杂问题。”网络化治理模式的权力流向不再是单向度的“自上而下”，政府不再是唯一的治理主体，而是基于数据与互联网技术所形成的非等级式多元治理主体，政府治理也不再是依托上下级关系的官僚体制，而是合作共治的扁平化现代治理结构。

(2) 互动协商机制。网络化治理模式的要义在于充分发挥政府、市场、社会和公众的各自优势，政府通过积极引导和恰当的制度安排，形成各治理主体在网状治理体系中互动协商的治理格局，从而实现对公共事务的合作治理。网络化治理模式的互动协商体现在不同政府职能部门之间、不同层级政府之间及政府与市场、社会、公众之间。相较于科层制，网络化治理更多强调各主体地位的相对平等，政府组织与其他非政府组织等主体（如市场、社会和公众）之间主要通过非正式的制度化会议实现交流沟通与互动协商。

（3）参与化权利要素。在网络化治理模式中，传统科层制治理中的需求发起、倡议提出、决策监督、绩效评估等主体及结构发生了革命性变化，不再局限于某些具体的行政机关或政府部门，转而由社会公众作为治理主体，人人皆可提出治理需求与倡议、参与治理行动与决策、改变治理模式与结果。网络化治理模式将人的表达、参与和监督权利作为治理结构的核心，每个人都被赋予多重身份，不仅是公共服务的受益者，还可以成为公共需求的发起者和倡议者，更是公共治理和决策的参与者和监督者，社会公正成为一个多元复合权利的实体。多元主体参与合作治理是网络化治理理论对现代民主理论借鉴与吸纳的充分体现，也是网络化治理模式区别于科层制治理模式的重要内容。

（4）增殖性公共价值要素。由于科层制治理模式的存在目的是“为了满足维护需要而非满足发展需要，但是发展的本质并不在于维护，而在于有效地创造”。因此，科层制治理模式由于其刻板的等级制度和封闭的治理方式，难以满足日益增长的公共价值增值需求。更重要的是，实现公共价值从维护到发展再到创造的根本性转变，是人类社会理想化治理模式的价值追求。为了实现这一发展递进，现代公共行政理论借助于政府与私人企业、非政府组织、公民进行合作治理的理念和方法，以及源自私人企业的企业家创新精神等，掀起了新公共管理改革实践运动，其结果是共同增进了以效率、参与、协商为核心的公共价值的拓展。当然，这种发展是多元治理主体所共同创造的结果，是围绕科层制治理模式而进行的改革举措。

6.2 水利行业强监管网络化治理模式的困境

尽管网络化治理模式具有诸多优势，但就目前我国的社会环境而言，该模式当前要在我国水利行业强监管中推行，仍面临诸多方面的困境。

6.2.1 价值理念碎片化困境

作为一种社会意识，价值理念是维系社会关系形成的法则，是社会存在的反映。价值理念具有一定的稳定性，但也会随着人们所处社会环境的变化而发生相应的变化。因此，价值理念的稳定性并非是绝对的，而是相对的。保持社会结构的开放性以及多元主体之间的交互性无疑是网络化治理模式下水利行业监管的突出特征。这种特征也导致在水利行业监管过程中，社会的价值理念在多元价值的冲击下日益呈现碎片化的发展趋势，它成为网络化治理模式下水利行业监管实现价值整合和创造过程中不得不克服的现实困境。一是传统价值与现代价值冲突造成价值理念碎片化。从长远来看，传统价值与现代价值冲突将成为常态，不可避免地会带来价值理念的碎片化，它成为网络化治理模式下水利行业监管超越传统价值与现代价值的分歧。二是主流价值与大众价值冲突造成价值理念碎片化。主流价值与大众价值的冲突，不可避免地带来价值理念的碎片化，造成水利行业监管不同主体的价值分歧，成为网络化治理模式面临的又一现实困境。三是本土价值与外来价值冲突造成价值理念碎片化。由于本土价值与外来价值在文化上异质性，水利行业监管不可避免地受到本土价值与外来价值的双重影响，很容易造成价值理念的碎片化。本质而言，本土价值与外来价值的冲突是难以调和的，主要是因为很难找到消除分歧的共同价值基础，这也为网络化治理模式下水利行业监管如何探索“重叠共识”提出了更多的挑战。

6.2.2 主体多元化协同困境

从主体结构来看，网络化治理模式下的水利行业监管，涉及政府、市场、社会以及公民个人等诸多行为者，然而，现实中的主体多元化带来合作监管困境跟理论上的多元主体协同监管的理想状态还存在不小的差距。一方面，主体多元化必定会带来利益诉求的多元化，而在网络化治理模式下如何构建共识型利益，协调多元主体之间的分歧化利益，是水利行业监管面临的主要困境。在网络化治理模式下，参与水利行业监管的多元主体之间是一种平等的合作型伙伴关系，虽然他们之间有一定的利益共识，但有时也会有与全社会的共同利益不一致的本团体的具体利益。为了使本集团的利益最大化，一些利益集团在监管过程中总是千方百计地影响监管议程，使监管收益的分配更多地向本集团成员倾斜，从而带来水利行业监管的合法性危机。因此，如何实现多元主体参与的包容性和水利行业监管结果的正义性之间的内在调和，是网络化治理模式下水利行业监管必须思考和克服的现实困境。另一方面，在网络化治理模式下如何构建合理的责任网络体系，明确多元主体的责任，是水利行业监管必须思考的另一重困境。事实上，网络化治理模式下水利行业监管非常复杂，在很多情况下任何单一主体都无法实现有效监管，而随着多元主体的广泛参与，使得传统的主体责任界定在确定多元主体责任时陷入失灵状态。政府、市场以及社会等多元主体的参与越来越成为水利行业监管的常态。因此，从水利行业监管的有效性来说，如何避免“混合责任”带来的“责任缺位”或“责任赤字”问题，是网络化治理模式下实现有效水利行业监管不得不解决的现实困境。

6.2.3 客体棘手化内在困境

棘手问题是指那些很难用明确范畴去界定的复杂性问题。客体棘手化的表征就是水利行业监管过程中大量棘手问题的出现。水利行业监管的过程中有一些事件或问题可能演变成公共问题，这些事件或问题具有动态的复杂性和不确定性，很难有最终的解决方案，因而称之为棘手问题。这些公共问题的存在，使得之前涉及棘手问题界定和解决的监管系统在监管该类水利公共事务时陷入失灵状态。棘手问题的属性可以概括为：棘手问题不存在即时和最终的方案测试；没有明确的形式；其解决方案没有对错只有好坏之分；棘手问题没有固定的规则；不存在不胜枚举的可能解决方案，也不存在一套详尽描述的、被纳入计划的许可操作等等。从棘手问题成因和影响来看，它具有难以预知的复杂性特点，这使得在处理类似问题的过程中充满了不确定性。总之，棘手问题是网络化治理模式下水利行业监管过程中水利公共事务的基本形态，给水利行业监管带来了极大的挑战。

6.2.4 介体复杂化外在困境

随着网络化社会的到来，介体复杂化成为网络化社会背景下水利行业监管的外在困境。就自然因素对水利行业监管的影响来说，不同的社会阶段，自然因素对水利行业监管的影响不尽相同。换言之，人类认识世界和改造世界的能力大小在一定程度上决定了自然因素对水利行业监管影响程度的大小，但这并不意味着人类认识世界和改造世界的能力与自然因素对水利行业监管的影响存在反向线性关系。由于人类实践活动的影响，自然因素在很多情况下变得更加复杂，从而对水利行业监管造成更大的影响，这种影响从短期来看，还存在着一定程度的不确定性。因此，自然因素不断增加的不确定性和复杂性，是水利行业监管在未来相当长的一段时期内不得不面对的外在困境。就社会因素对水利行业监管的影响而言，从一定意义上来说，其复杂性、动态性和多元性特点更甚于自然因素，它不仅影响了水利行业监管效能，还决定着水利行业监管模式的变迁，这就使得社会因素在水利行业监管外在影响因素中占据核心位置。一般来说，在社会处于低度复杂性和低度不确定性的条件下，政府改善环境的策略往往能够获得积极的效果，而在社会进入一个高度复杂性和高度不确定性的历史时期，政府改善环境的追求往往会无功而返。在这种情况下，政府更多选择采取行动来改善自身从而适应环境，而不是去改善环境。21 世纪社会的发展呈现出高度不确定性和高度复杂性特征，公众、企业、非营利部门必须共同参与治理，以改变单一政府治理面临的困境。在此种情形下，当代水利行业监管也必须建立起政府、社会和公众共治的网络化治理模式。

6.3 水利行业强监管网络化治理模式困境的影响因素

水利作为公共服务的重点领域，水利行业监管是社会治理的重要组成部分。根据网络化治理模式的内涵和核心要素，水利行业强监管网络化治理模式困境的影响因素可以概括为以下四个方面。

6.3.1 价值理念：根本因素

价值理念具有定向、指导和规范的作用。从宏观层次来看，价值理念能够对水利行业监管模式的发展与转型产生根本影响。水利行业监管模式的发展与转型离不开一定价值理念的指导。水利行业监管模式从科层治理、市场治理到网络化治理的转型过程，与其说是适应水利行业监管新情况、新问题的结果，不如说是水利行业监管价值理念变革下的产物。随着国家与社会、政治与行政合作创造公共价值的理念在水利行业监管领域逐渐被接受，网络化治理模式作为一个新型的水利行业监管模式将在水利行业监管领域得到广泛应用。从中观层次来看，价值理念能够对水利行业监管过程中多元行为者的互动与合作产生根本影响。在水利行业监管过程中，多元行为者的互动与合作，涉及监管主体与监管客体之间的相互作用，从表面上看，监管主体与监管客体之间的关系属于利益关系，但是从根本上看，它体现的是监管主体和监管客体在价值理念上的相互作用。随着全球化的发展以及多元价值的广泛交融，多元行为者价值理念呈现多元化与碎片化的发展趋势，水利行业监管过程中行为者的互动与合作也呈现多元性、动态性和复杂性。从微观层次来看，价值理念能够对水利行业监管运行机制与制度体系产生根本影响。在共识型价值理念的主导下，更容易形成信任、互惠以及合作的水利行业监管运行机制与规范的水利行业监管制度体系；在分歧化价值理念的主导下，灵活化、弹性化以及多样化的水利行业监管运行机制更容易成为常态，水利行业监管制度体系的建设也处于相对较低的层次范畴。因此，在不同价值理念的根本影响下，水利行业监管运行机制与制度体系呈现出明显的差异性。

6.3.2 善治理念：能动因素

水利行业监管的理想状态是实现善治。政府是影响水利行业监管的必要能动因素，是水利行业监管多元主体中的重要一元。从水利行业监管发展看，政府在制度供给、秩序维护、利益调和以及特定公共服务的提供上具有其他治理主体难以替代的优势。为发挥政府作为影响水利行业监管必要能动因素的作用，要求政府学会与市场、社会等主体进行互动与合作，对于其他主体能够治理得更好的水利事务，政府应该主动退出，不断地调整治理策略和方法。市场是影响水利行业监管的有效能动因素。市场之所以是影响水利行业监管的有效能动因素，是因为，截至目前市场依然是人类社会资源配置的最为有效的机制，在现代水利行业监管过程中，通过市场以及企业的运作，能够高效配置社会资源，从而在相关水利行业监管领域实现成本的最小化和社会效益的最大化。实际上是将市场机制引入政府的水利行业监管职能中，通过市场机制的再造，让企业以及社会组织更多地供给水利公共服务，政府的水利行业监管职能更多地体现为“掌舵”而不是“划桨”。社会组织是影响水利行业监管的自主能动因素。在现代水利行业监管中，社会组织一直被视为水利行业监管主体而存在，社会组织的发展程度和水平是评估水利行业监管状况的重要指标，社会组织的功能和意义在于通过公民志愿性的结社组织活动，强化社会自身的组织化水平、补充社会职能，更好地完善水利行业监管。社会组织是水利行业监管领域中涉及触角最广、个性化最强、门类繁多的重要主体，它们作为影响水利行业监管的自主能动因素表现在多样化、个性化以及自主性等多个方面。

6.3.3 客体多样性：现实因素

水是生命之源、生态之基、生产之要。因此，水利行业监管的客体具有多种不同的类型，涵盖社会生产、生活的方方面面。水利部部长鄂竟平将水利行业强监管概括为对江河湖泊的监管、对水资源的监管、对水利工程的监管、对水土保持的监管、对水利资金的监管、对行政事务工作的监管六个大的方面。需要指出的是，所有水利公共事务都是水利行业监管的客体，是影响水利行业监管的现实因素。简言之，从简单到棘手不同层次的水利公共事务，直接影响水利行业监管的难易程度，然而，“简单”与“棘手”需要在水利行业具体的监管过程中进行评估。一般来说，简单的水利公共事务涉及的受益人群较少、影响范围较小、技术难度较低、共识程度较高，即使在政府不参与的情况下，社会组织也可能自主地实现水利行业监管的良序化。反之，则称为棘手水利公共事务监管客体。如河道采砂问题，一味的堵肯定不是办法，一定要有科学的采砂标准和要求。概言之，水利公共事务对水利行业监管的现实影响，其实反映到问题本身就是落实到对水利公共事务的难易程度、涉及要素并进行判断。在很多情况下，之所以无法解决一些棘手水利公共事务，是没有充分地认识到棘手水利公共事务本身的复杂性和科学性。因此，认识到水利公共事务作为影响水利行业监管的现实因素的定位，还需回归到对水利公共事务本身进行难易界定和综合评估之上。如节约集约用水问题之所以是水利行业监管的重点及痛点，是因为水价问题至今难以界定与综合评估。

6.3.4 介体复杂性：外在因素

从系统的视角来看，水利行业监管的输入、转换、输出和结果都必然在一定程度上受到介体因素的影响。一是从输入来看，介体是水利行业监管的独立自变量之一、是需要考虑的现实因素。如山体滑坡、泥石流事件就是一个自然因素和社会因素的综合作用的结果，从自然因素上来看，应将导致山体滑坡、泥石流事件的地形、气候、水文等相关自然因素纳入分析范畴；从社会因素上来看，中国现阶段正处于工业化和城市化发展的高度时期，生产、生活中大量的对山体、森林的破坏是造成山体滑坡、泥石流事件的主要人为因素。因此，就山体滑坡、泥石流事件的监管来说，只有综合地将介体纳入分析的范畴，才能真正地找准问题的成因，进而提出可行的监管治理之策。二是从转换来看，介体是水利行业监管过程中多元主体互动的外在环境作用载体。这是因为，多元主体的自然属性和社会属性，决定了他们不可避免地受到介体的影响。如多元主体的思想观念、行为方式总是在现实的社会关系和社会条件下发展起来，他们的参与习惯地受到以往历史环境的影响，同时也很容易受到自然环境和社会环境的影响。三是从输出来看，水利行业监管输出的相关监管政策和监管方案是自然因素和社会因素综合作用和影响的产物。在这个过程中，介体既作为独立性的影响变量而存在，也作为嵌入性的影响变量而存在，不管怎样，水利行业监管输出的相关监管政策和监管方案都在一定程度上刻上了介体的烙印。四是从结果来看，水利行业监管输出的相关监管政策和监管方案会根据水利行业监管绩效的反馈做出相应的调整。这种调整在很大程度上是对监管政策和监管方案在运行过程中，特别是对介体的作用与反作用过程中的反馈与再构，无论是对介体的主动适应还是介体复杂性倒逼下的被动适应，都体现了介体作为影响水利行业监管外在因素的持续性、系统性作用。

6.4 水利行业强监管网络化治理模式的路径

6.4.1 实现价值理念的重构与全面转型

对于水利行业监管来说，网络化治理模式创造公共价值的过程，在于围绕共识与目标，通过共识的达成机制，调动一切可利用资源，以各类组织与公民的需求与权利为导向，创造公民与组织广泛参与、财富极大涌流、价值极大增殖、责任极大增强的新型水利行业网络化治理场域。首先，要充分认识到水利行业监管的公共领域及公共价值属性。水利行业大都属于公共服务，这决定了该领域公共价值的重构方式与转型路径。为了构建开放、理性的公共领域，参与公共领域的行为者通常作为反思理性的“复杂人”而存在，行为者的理性和公共领域的开放，是确保形成多元重叠型公共价值的重要保证。其次，要充分认识到应通过对话、交流与协商，推动水利行业监管公共价值的再生产。推动水利行业监管公共价值的再生产，需要通过对话、交流与协商的反复过程，这也是公共价值的再生产关注的集体偏好形成的基础。最后，要充分发挥政府的“元治理”作用。政府部门应在与各参与方互动的过程中识别和发现公共价值，采用多种沟通形式，更多的获取上级有关部门的认同与支持，进而推动水利行业监管公共价值的再生产。公共价值是公民期望的集合，在公共价值的再生产的过程中，公民的定位“不再是原子化的个人，仅限于对于个人利益的追求，而是存在于主体间关系中的、具有公共精神的对话者。”因此，从提高公共价值的社会性和接受度来说，推动水利行业监管公共价值的再生产，必须充分发挥公民的能动作用。

6.4.2 实现多主体协商与机制共振

政府角色与公民角色的全面转型，是实现多主体协商与机制共振的前提条件。在水利行业监管过程中，各种形式监管网络的建立以及多元主体之间对话、交流与协商的开展，在一定程度上为多元主体之间的协同困境提供了更多的出路。同时，各种形式监管网络的存在以及主体协商的开展，还需要社会能够提供促进监管网络运行与主体协商开展的多种有益的嵌入性机制。因此，针对主体多元化带来的协同治理困境，网络治理模式下水利行业监管应该基于网络、协商与机制的共振机理，在监管网络以及主体协商之外，积极构建多种形式的嵌入性机制，从范畴和功能上拓展主体协商的运行。一是培育多种社会资本，建立信任和协调机制。通过社会资本的培育以及信任和协调机制的建立，能够使得水利行业监管网络的各个主体以及相关要素在一定程度上减少协商过程中的机会主义行为，进而构建区域联动、互助合作、优势互补的监管网络体系。二是优化网络运行与结果，建立互动和整合机制。在网络化治理模式下，要基于治理过程和结果的双重考量，通过优化网络运行，建立互动和整合机制，以推动主体拓展过程中实现相互之间的知识学习和交流、资源交换与共享，实现在资源整合和权力整合基础上的组织整合和目标整合，形成多元主体间的协作共治格局，以提高水利行业监管绩效。三是提高网络的权变与稳定，建立适应和维护机制。强调水利行业监管网络中主体协商拓展就是加强监管网络与外在环境之间动态的调适和权变，就是确保多元主体在监管网络中的互动协作关系具有相对稳定性，以避免陷入网络关系混乱导致主体协商的不可持续和预期不稳定。

6.4.3 实现对复合型客体监管能力的提升

一是在水利行业监管网络中积极培养反思监管的能力，提高棘手问题的可治理性。从源头上看，棘手问题之所以难以用确切的事实进行说明，主要原因在于棘手问题的成因分析就是一个很难的问题。鉴于反思治理在棘手问题监管中起到重要作用，网络化治理模式下水利行业监管应该积极探索反思监管能力的培养，具体来说，应该从宏观层面——反思社会的能力、中观层面——反思科学与技术的能力以及微观层面——反思自我认知的能力三个方面综合地进行培养。二是在水利行业监管网络中积极培养弹性治理的能力，提高棘手问题的可监管性。针对棘手问题之间的关联性，从提高水利行业监管网络适应性的角度出发，在监管主体上应注重发挥社会组织及公民个人的自治监管作用；在制度上应为水利行业监管未来不确定性预留制度上拓展的空间；在监管手段上应注重尝试横向合作和自下而上监管等更具有灵活性的监管方式。三是在水利行业监管网络中积极培养回应监管的能力，提高棘手问题的可治理性。在“政府—棘手问题—公民”的关系网络中，回应监管的能力其实是政府如何将客体棘手问题的复杂性和作为主体之一的公民需求进行有机统一，实现水利行业监管有效性和合法性的一种探索。在水利行业监管网络中积极培养回应监管的能力，一方面既要坚持效率监管，另一方面还要坚持民主监管，政府应该在提高监管有效性的同时，始终坚持民主价值，成为“可靠的、公正的、高效的以及值得信任的”政府。四是在水利行业监管网络中积极培养再生监管的能力，提高棘手问题的可监管性。棘手问题的动态性与监管方式的滞后性始终是面对棘手问题监管时造成困扰主要原因。也就是说，在水利行业监管实践中，可能因为某些监管方式和手段上的成功，导致监管主体在面对相似或其他棘手问题时，习惯地沿用这些手段和方式，从而陷入“路径依赖”的困境。为了避免监管方式上的滞后性，积极培养再生监管能力，就成为提高棘手问题可监管性的现实选择。针对水利行业来说，在监管管辖上应打破地域管辖上的限制，加强域际合作、府际合作、公私合作等合作监管模式；在监管主体范畴上应扩展涉及政府、市场、社会以及公民个人等多元主体的广泛参与；在监管方式上应注重创新性、灵活性和多样性。

6.4.4 实现对介体复杂性适应力的提高

构建相对稳定、运行自主的水利行业监管网络，提高对介体复杂性的适应力。这要求监管网络既要具备相对稳定性，又要兼有一定的灵活性，因此，相对松散的、去中心的、密集的监管网络最为适合。网络化治理模式下提高水利行业监管的适应性，需要从两个方面着手：一是推动资源交换与主体借力，提高对介体复杂性的应对力。介体复杂性是自然因素和社会因素的综合展现。在水利行业监管中的共同利益，多元主体无形中变成了利益相关者，在资源和能力上存在相互依赖的关系。因此，网络化治理模式下提高水利行业监管的适应性，应在多种形式的监管网络中积极推动资源交换和主体之间相互依赖关系，以提高对介体复杂性的应对力。二是在水利行业监管网络中加强主体学习和知识扩散，提高对介体复杂性的辨别力。在水利行业监管网络中加强主体学习和知识扩散，需要从两个方面着手：一方面，通过主体之间的互动与交流，实现知识和信息在治理主体之间的传输和扩散；另一方面，构建监管网络公共协商平台，为集体学习和知识生产提供更为广阔的空间。

第7章

水利行业强监管的意见与建议

“问题”是现实状态与理想状态之间的距离，“措施”就是将现实状态拉近到理想状态的工具。水利行业要实现强监管局面，跨过理想与现实之间的距离，需要找寻并设计一套合理的工具体系，构建完善能够支撑水利行业强监管的机制、体制、法制体系。

7.1 全水利行业开展大规模的强监管理论学习

若想实现水利行业强监管，第一步必须清楚地知道水利行业强监管是什么？目前，河（湖）长是水利行业强监管的一个中坚力量，自河长学院成立以来，我们进行多场培训，借助这样一个机会，采用访谈与调查问卷的方式，对参与培训的河长进行调查，却得出一个这样的结论，近60%的河（湖）长不能够清楚地表达出水利行业强监管的内容，并且其中市级河（湖）长比重最大，占至7成。水利行业内部人员尚且对强监管的概念不够清晰，何以谈得在政府机构内部的多部门联动与全社会大监管局面的形成。因此，针对此问题，我们应该从三个方面着手：第一，在水利行业高层实施强监管思想大讨论；第二，在水利行业中层与基层提升学习认识；第三，在全社会做好水利行业强监管的宣传。

7.1.1 水利行业高层实施强监管思想大讨论

水利行业高层管理者应按照“了解形势、把握重点”的科学方法，对水利行业强监管的内涵、外延、理论体系、话语体系进行大讨论，深刻领悟十九届四中全会精神，组织包括环保、交通等多个政府部门、一线强监管工作人员、非政府组织（NGO）、业内知名专家学者在内的多主体，从实践、理论多个方面对水利行业强监管进行深刻探讨，目标是形成具有中国特色的水利行业强监管思想体系、理论体系与话语体系。

7.1.2 水利行业中层与基层贯彻好学习培训

水利行业中层与基层要认真学习好水利行业强监管的精神。首先，定期举办培训班，培训内容包括水利行业强监管的理论学习、强监管的优秀案例学习，以及水利行业新政策新精神的吸收领悟；其次，严格理论学习成果的考核，对学习内容进行阶段性、反复性考核，将考核成绩与个人发展相联系，引起广大干部对水利行业强监管重要性的认识。

7.1.3 全社会做好水利行业强监管宣传工作

水利行业强监管不仅要在水利行业内部进行积极学习宣传，更应该成为全体社会成员的一种通识性认知。而这种认识的形成需要多途径的刺激，如设立“水利强监管日”、APP软件上的“水利行业强监管趣味问答”、微信微博上的信息推送等，以日常化的方式将强监管的内容输入到百姓的认识中。

7.2 调整和完善强监管的法律法规

目前，有关水利方面的法律由4部：《中华人民共和国水土保持法》《中华人民共和国水污染防治法》《中华人民共和国水法》和《中华人民共和国防洪法》；行政法规和法规性文件23项；部门规章53项。但是这些法律、行政法规、部门规章存在惩罚力度较轻、相互衔接不上等问题，需要从加大处罚力度以及理顺水法与部门规章之间的衔接入手。

7.2.1 加大水利行业违法乱纪的处罚力度

从目前水利行业对违法乱纪行为或事件的处罚力度看，整体偏低，威慑力度不够。具体措施：一是加大顶层设计，尽快出台专门、专项治理法律法规；二是加强相关行业、职能部门的协调联动，提升规章制度的执行效能；三是针对水利行业违法乱纪主体的行为特征，建立分级、分类的执法监督体系；四是将水利行业某些违法乱纪行为或事件列入个人诚信档案，加大对惯犯、累犯的惩罚力度；五是利用现代信息技术手段，激励社会公众监督、举报违法乱纪行为或事件。

例如，非法采砂这一行为在司法实践中除了涉及多部门、多环节，影响执法效率之外，处罚力度较小是非法开采者的主要驱动力。因此，加大打击力度是有效手段之一。对“采砂船舶”“运砂船舶”负责人和从业人员有针对性地开展法制宣传，普及“两高”司法解释和非法采砂入刑相关规定，扩大社会影响，从源头遏制非法采砂行为。就一些重点难点问题进行专题研讨，制定各单位执法工作规范和指导意见。分区段对采砂船舶、从业人员落实动态管控，掌握“非法采砂”从业船舶和人员基本情况和活动规律，为采取“非法采砂入刑”积累基础信息，把握工作主动权。

7.2.2 理顺法律与部门规章之间、不同部门规章之间的衔接

仍以非法采砂为例，非法采砂案件处理涉及多部门，多环节，影响执法效率。一是有关认定、鉴定涉及部门多，协调难度大。非法采砂案件办理中，有关“未取得采矿（砂）许可证”的认定，以及砂石价值、生态环境损害、危害防洪安全等鉴定、认定，分别由水行政主管部门、价格认证机构、司法鉴定机构等部门、机构依职能做出，以提高公安机关取证时协调部门多、周期长、难度大，制约办案效率。二是依据“因非法采矿受过两次以上行政处罚”作为“情节严重”办案时，必须以行政处罚为前提，涉及行政机关移送案件等环节，需要协调沟通，统一行政执法与刑事司法衔接的标准和程序，磨合、处理时间较长。

按照法律规定，非法采砂涉嫌犯罪的，有关行政机关在对非法采砂实施行政处罚后，应当移送公安司法机关追究刑事责任，不得以罚代刑、罚过放行。但受制于部分行政机关怕麻烦，或者有其他利益方面考量，不愿意主动移交案件，从目前办案情况来看，尚无涉砂管理的行政机关移交涉嫌犯罪采砂案件，主要依靠公安机关主动发现和打击。而且，目前还普遍存在涉砂行政执法与刑事司法信息没有互联互通、共享不充分的现象，公安机关很难掌握水行政主管等部门有关采砂行政执法案件信息，无法实现对涉嫌犯罪采砂行为的及时有效打击。

按照目前管理体制，长江干线上涉嫌犯罪案件（含涉嫌非法采矿罪的河道采砂案件）的刑事侦查职能属中央事权，由长航公安机关统一行使，实行“一条线管理”；负责刑事案件审查起诉的检察院、审判的法院，一般实行属地管辖；而长江采砂、防洪安全管理职责由长江委和地方水行政主管部门按照职责分工分别履行，属条块结合管理；对矿产品价值认定的价格认证、对生态环境损害鉴定的司法鉴定等职责为“属地管理”。以上不对应的管理体制给长航公安机关刑事案件办理带来沟通协调上的难度。

因此，我们需要有步骤的对目前各个行业的法律、各个部门的行政条例进行梳理衔接，避开冲突点，合作共赢，实现联合治水。

7.3 解决制约水利行业强监管的能力建设问题

水利行业强监管的能力建设，包括人事队伍组建、科学技术支撑、财政经费保障三个方面。而目前在这三个方面都还留有较大改进空间。

7.3.1 人事队伍组建

水利行业强监管，要有专门的人员对强监管队伍进行管理，借助华北水利

水电大学河长学院的优势，我们就此问题继续对参与培训的3000余名河长进行深度访谈与调研，发现目前强监管队伍并不能适应治水要求，作用发挥显得被动并且滞后。

以目前充分发挥监管作用的河湖长来看，河长制是以各级党政主要领导（有的地方包括党政副职，人大、政协领导）担任辖区某条河流的河长，履行治理与保护责任的一种行政管理形式。一般一条河流根据面积设一级、二级、三级河长，由高到低相对应党委政府级别，河长下面设有若干段长，由流经地的县、乡镇或村居委会负责人担任，形成河流治理与保护的责任链条。河长对所担任河长的河流环境治理与保护负责，段长对本河流的河长负责。河（段）长都在地方党委政府的统一领导下按照河长制统一部署开展工作，履行责任，同时接受党委政府组织的检查、督查、调度、考核、奖惩和问责等，推动着辖区河流环境综合管理及水质改善工作。

河长制直接针对的是当前水资源管理和保护中制度现状——多职能部门分工，所可能导致的权力缺位与越位的弊病，通过由当地党政主要负责人担任河长作为第一责任人亲自抓水污染治理。河长能最大限度地统筹调度各职能部门力量，使得各职能部门在河长的协调下发挥在水污染治理中的协同作用。并且，有的地方还实行同一条河流由两级领导共同担任河长的“双河长”或者是“三级河长”“四级河长”的管理体系，以实现对于区域内河流的“无缝覆盖”。但是，这种做法使得不同级政府之间的分工以及同一政府职能部门之间在水资源管理中的分工实质上形同虚设。并且，公共权力的配置背后是资源的分配，政府职能部门之间的分工与协调之中也难免有相互的博弈的抗争，某种意义上，这并不是坏事，在既定的框架下，不同的利益类型的代表者之间的抗衡，所主张的均是某种公共利益，这是在对稀缺的公共资源进行分配中出现的犹如钟摆永不停歇的状态，是我们不得不做出的需要不断调整的“悲剧性选择”，不可能一边倒也不应一边倒。

“河长治污”是一种制度创新，而河长们参与这一过程，则资源的配置难免成为了众多河长们个人的权力、地位之争，他们各自所承担的职能的实现效果与他们个人所能支配的公共资源密切相关。从积极方面去看，当地的党政领导分别兼任不同河流的河长会形成改进水质的竞赛氛围；但另外一方面，试想，市长与副市长分别担任不同河流的河长时，他们所掌握的资源、协调与调动职能部门的能力之间必然存在着差异，这会实际上影响到河流污染治理的不同效果。比如，昆明市某副市长、洛龙河河长在督促自己负责的洛龙河整治工作时说，“洛龙河水质力争位列滇池河道的前三位”，也即洛龙河水质要排在昆明市委书记、市长分别担任河长的盘龙江、宝象河之后。

河长制制度设计更多类似于一个应急式的措施，也就必然存在一些内生困境，甚至在实现制度实效的同时也难以避免地产生一些负面的制度后果，困境的解决，第一步就是对人员配置上的再度思考。

7.3.2 科学技术支撑

目前在水利行业强监管中，已经开始使用的科技手段包括GIS地理遥感技术、无人机监测，但是更多的人工智能技术仍待开发。水利行业强监管要联合科研机构，运用大数据、交互信息平台对水利行业的强监管提供技术支持，做到信息技术高度集成化、信息应用深度整合的网络化。强监管形势下水利、环保、自然资源等部门融合后，新的监管业务亟待整合、信息化驱动业务的需求日趋明显。在全面梳理各类数据资源的基础上，对数据进行有效整合，建立统一的市场监管信息资源库也成为了必然需求。建立智慧水利行业强监管平台，通过建设数据资源整合、交换、共享平台层，形成“上通—下达—内部整合—外部共享”的全面资源互助机制，满足内部和外部信息交换共享的需求；通过数据分析和挖掘，为领导决策、综合业务管理和公众信息服务提供强有力的数据支撑，成为信息化建设的重点和方向。

7.3.3 财政经费保障

河流环境监测需要资金投入的地方很多且数额大，比如城乡污水处理设施、企业废水治理达标排放、面源污染防治、畜禽规模养殖、企业污染治理、生态修复等，每项都需要大额资金，然而现实情况是资金投入仍无法满足需求。因此，要设立水利行业强监管专项资金。

7.4 不断推动从水利行业强监管到全社会强监管

水利行业强监管不能紧靠政府一手发力，还应联动全社会一起参与进来，充分运用市场机制、网络机制来培育企业与公民的爱水节水护水意识。

7.4.1 两手发力建设环保节约型企业

根据我国现行企业所得税法规定，企业从事规定的符合条件的环境保护、节能节水项目的所得，自项目取得第1笔生产经营收入所属纳税年度起，第1年至第3年免征企业所得税，第4年至第6年减半征收企业所得税。根据《中华人民共和国企业所得税法》《中华人民共和国企业所得税法实施细则》以及国家出台支持节能减排的一系列税收优惠政策，公布了《环境保护专用设备企业所得税优惠目录》《节能节水专用设备企业所得税优惠目录》和《安全生产专用设备企业所得税优惠目录》，分别对公共污水处理、公共垃圾处理、沼气综合开发利用、节能减排技术和海水淡化共5大类17小类环境保护、节能节水项目的具体条件进行了规定。例如，工业锅炉、工业窑炉节能技术改造项目，既有高能耗建筑节能改造项目，也有建筑太阳能光热光电建筑一体化技术或浅层地能热泵技术改造项目，又有居住建筑供热计量及节能改造项目，可获得企业所得税优惠，未来可逐渐增加可享受所得税减免的节能节水项目。

7.4.2 多头并举塑造节水公共价值

公共价值认同即公共领域内公众意志的一致表达。任何个体的行为动机都存在着符合目的性的要求，为了回应对利益的诉求，个体与个体之间的互动交往始终隐藏着相互的价值认同，个体的价值追求在这样的认同机制下选择有利的条件和手段进行交互。不仅个体与个体如此，事实上，个体与集体、社会也采取同样的逻辑进行交互。不过，个人与集体、社会之间本身应是一种抽象交互，主体性的个人在表达自身利益诉求的过程中往往会忽视公共利益而强化私人利益。为更好地规避私利的过度张扬，弘扬和培育公共领域内的公共价值认同和追求就成为一条行之有效的方式。水利行业强监管作为公共价值认同也就在此基础上形成，且随着对公共价值认识的不断深化，这种认同感也会随之加深，最终完成对公共价值的公共性生成，这便是水利行业强监管公共性生成的运作机理。这种公共价值的形成，可以借助新兴媒体的宣传、互联网媒介的传播，甚至在校园学习中从小进行系统的教育，未来便可达成水利行业强监管公共性生成的出发点。

结　论

水治天下宁，这是中华民族绵延发展的经验总结，也是历届执政者关注并切实解决的焦点问题。党中央就我国水安全问题提出了“节水优先、空间均衡、系统治理、两手发力”的十六字治水方针，赋予了新时期治水的新内涵、新要求、新任务，为做好流域保护治理工作提供了根本遵循。当前中国特色社会主义进入新时代。新时代我国治水矛盾也发生了深刻变化，即从人民群众对除水害兴水利的需求与水利工程能力不足的矛盾，转变为人民群众对水资源水生态水环境的需求与水利行业监管能力不足的矛盾。

顺应新时代我国治水矛盾的发展变化，水利部党组贯彻落实党中央水利工作的重要论述，提出了当前和今后一个时期我国水利改革发展的总基调是“水利工程补短板，水利行业强监管”，而“强监管”是其中的主基调。我们要清醒地认识到我国治水主要矛盾发生的深刻变化，准确把握当前水利改革发展所处的历史方位，加快治水理念、思路和方式的转变，切实采取有效措施，全面加强水利行业监管，积极调整人的行为、纠正人的错误行为，为破解新时期我国治水主要矛盾和全面建成小康社会提供坚实的保障。

当前中国特色社会主义进入新时代，水利改革发展也进入了新时代。新时代我国治水矛盾已经从人民群众对除水害兴水利的需求与水利工程能力不足的矛盾，转变为人民群众对水资源水生态水环境的需求与水利行业监管能力不足的矛盾。顺应新时代我国治水矛盾的发展变化，必须准确把握当前水利改革发展所处的历史方位，加快转变治水理念、思路和方式，采取切实有效措施，全面加强水利行业监管，调整人的行为、纠正人的错误行为，为破解新时期我国治水主要矛盾和全面建成小康社会提供坚实保障。

十九届四中全会提出，要“坚持和完善党和国家监督体系，强化对权力运行的制约和监督。”水利行业强监管是新时代水利改革与发展的主基调，然而，新时代水利行业监管日益呈现高度复杂性和不确定性的状态。面对复杂性、不确定性社会带来的监管难题，无论是传统型水利行业监管模式，还是管理型水利行业监管模式都难以真正意义上做到对复杂性、不确定性水利问题的有效治理，亟待推出一种新的水利行业监管模式，以打破传统型监管模式的局限，破解其治理失灵所面临的价值碎片化、主体多元化、客体棘手化以及介体复杂化等困境，进而实现其公共价值建构、要素合理流动、主体多元互动等，因此，加强水利行业强监管的网络化治理模式研究，实现向着以工具主义价值取向为辅、以人本主义价值取向为主的全新理想化监管范式转型，重新恢复作为主体和行动者的人在现代水利行业监管中的地位和作用，实现人、组织与制度三者的有机结合，开创网络化治理模式下，融合工具理性、价值理性与主体理性于一体的“良心＋良制＋良治”的水利行业新型监管发展道路，无疑具有十分重要的现实意义。

参 考 文 献

艾白都拉·麦麦提，2017. 提升基层水政执法队伍能力建设的思考［J］. 城市建设理论研究（电子版）（20）：213.

奥斯本·D，盖布勒·T，2006. 改革政府：企业家精神如何改革着公共部门［M］. 周敦仁，译，上海：上海译文出版社：2-5.

鲍鹏飞，2017. 网络化治理：现实困境与优化路径［J］. 天水行政学院学报（18）：50-54.

毕健全，2020. 新时代水利管理人才队伍建设［J］. 工程建设与设计（6）：223-224.

蔡立辉，2014. 信息化时代的大都市政府及其治理能力现代化研究［M］. 北京：人民出版社：385-386.

蔡志强，2013. 价值引导制度：社会和谐与党的执政能力建设［M］. 南京：江苏人民出版社：535-536.

曹里炳，王家浩，2012. 浅谈中小型水库工程管理存在的问题及应对措施［J］. 吉林农业（6）：194.

曹青婧，2019. 深化水利投融资体制改革的思考［J］. 财经界（学术版）（8）：58.

陈凤玉，刘伟，李昊洋，等，2020. 南平市水利行业强监管制度体系创新探索［J］. 中国水利（2）：42-44.

陈蕾伊，牛彦斌，2020. 侵蚀山区水土保持与可持续发展理论分析［J］. 山西农经（3）：83-84.

陈绪堃，2018. 搞好水利工程质量监督工作的几个要点分析［J］. 低碳世界（1）：156-157.

褚雅红，2020. 小流域治理中水土保持措施及效益分析［J］. 内蒙古水利（2）：56-57.

戴茂堂，江畅，2001. 传统价值观念与当代中国［M］. 武汉：湖北人民出版社：327.

丁辉，2018. 水安全与风险治理［J］. 安全 39（9）：4-5.

段朝芳，2020. 新时代水利工程建设项目存在问题与对策［J］. 科技与创新（2）：124-125.

段显平，2020. 浅议如何加强水利施工企业资金活动内部控制［J］. 会计师（2）：57-58.

鄂竟平，2019. 工程补短板 行业强监管 奋力开创新时代水利事业新局面：在 2019 年全国水利工作会议上的讲话（摘要）［J］. 中国水利（2）：1-11.

鄂竟平，2020. 坚定不移践行水利改革发展总基调　加快推进水利治理体系和治理能力现代化：在 2020 年全国水利工作会议上的讲话［J］. 中国水利（2）：1-15.

鄂竟平，2019. 深入贯彻落实习近平总书记治水重要论述精神　加快推动水利工程补短板、水利行业强监管［J］. 时事报告（党委中心组学习）（2）：71-86.

菲尔·沃什博恩，2014. 没有标准答案的哲学问题［M］. 林克，译，北京：新华出版社：198-201.

费勒尔·海迪，2006. 比较公共行政（第六版）［M］. 刘俊生，译校. 北京：中国人民大学出版社：47.

冯兆洋，张辉，谢作涛，等，2019. 长江中上游地区河长制工作进展与思考［J］. 水利水电快报 40（7）：8-12.

付浩龙，李亚龙，余琪，2019. 河长制湖长制背景下加强农村水利工作的思考 [J]. 中国水利（13）：42-44.
付伟，2020. 水利工程管理及养护问题探讨 [J]. 工程建设与设计（6）：249-250.
高洁，2017. 新疆兵团水利水电集团中层管理人员绩效考核体系优化研究 [D]. 乌鲁木齐：新疆大学.
高占义，2019. 我国灌区建设及管理技术发展成就与展望 [J]. 水利学报 50（1）：88-96.
苟忠芳，2020. 论水利工程概预算编制工作的重要性及技巧 [J]. 科学咨询（科技·管理）（2）：58.
谷鹏承，2019. 水利工程管理中存在的问题与对策研究 [J]. 工程技术研究 4（12）：149-150.
郭东，2020. 城市水土流失和水土保持措施探讨 [J]. 智能城市 6（3）：121-122.
郭利君，尤庆国，张瑞美，等，2020. 政府购买水利公共服务现状、问题与对策建议 [J]. 水利发展研究 20（1）：39-42，60.
郭颖良，2020. 生态清洁小流域水土保持综合治理对策分析 [J]. 科技创新与应用（4）：129-130.
贺武渊，何洪波，2014. 浅谈如何加强水利财政资金监管 [J]. 湖南水利水电（5）：68-69.
侯金明，2016. 浅析水利建设单位财务管理存在问题与策略 [J]. 新经济（5）：76-77.
胡春宏，张晓明，2020. 黄土高原水土流失治理与黄河水沙变化 [J]. 水利水电技术 51（1）：1-11.
胡国君，朱冠余，胥仲志，2019."补短板"引领下江苏省水利投融资体系"提质效"路径探析 [J]. 水利经济 37（6）：21-26，33，86.
胡琳，何斐，胡玲，等，2018. 新时代浙江省河湖管理发展路径与政策建议 [J]. 人民长江 049（21）：9-12.
胡敏，黄丽萍，冯桢棣，2019. 全面推行河长制建设　完善县域河流治理：关于四川省井研县河长制工作开展情况的调查与思考 [J]. 中共乐山市委党校学报 21（4）：90-94.
华伟南，2012. 新时期水利工程质量安全科学监管研究 [J]. 中国水利（10）：67-68，62.
焦士兴，王安周，张馨歆，等. 经济新常态下河南省产业结构与水资源耦合协调发展研究 [J/OL]. 世界地理研究：1-8 [2020-04-01]. http://kns.cnki.net/kcms/detail/31.1626.P.20200330.1933.024.html.
金华，2019. 我国公共危机治理的挑战与回应：社会组织参与的视角 [J]. 甘肃社会科学（4）：169-175.
冷涛，2019. 府际学习："河长制"政策创新的核心动力 [J]. 人民论坛（18）：42-43.
李丹勋，2020. 浅析水利工程伦理的核心内容 [J]. 水利发展研究 20（1）：26-31，35.
李峰，2019. 新农村背景下农村小型农田水利工程管理的建议 [J]. 农业工程技术 39（35）：53-54.
李红梅，祝诗羽，张维宇，2018. 我国"河长制"绩效评价体系构建研究 [J]. 环境与发展 30（11）：219-221.
李凯锋，2016. 基层中小型水库运行现状、存在问题及对策分析 [J]. 内蒙古水利（6）：66-67.
李克强. 政府监管也是服务 [EB/OL].（2015-04-22）[2020-03-02]. www.gov.cn.
李培林，2014. 中国社会巨变和治理 [M]. 北京：中国社会科学出版社：26.

李松柏，2019. 水利项目工程建设资金管理及使用探讨［J］. 财会学习（33）：203，205.
李文希，2018. 探讨新形势下如何做好水利工程质量监督管理工作［J］. 科技资讯（24）：50.
李亚飞，2019.《瞭望》新闻周刊专访鄂竟平部长：开启水利改革发展新征程［J］. 水资源开发与管理（3）：2－5.
刘宝亮，2020. 现代化水利工程施工管理对策分析［J］. 工程建设与设计（6）：221－222.
刘昌仁，2020. 水利项目资金使用与管理稽察探析［J］. 东北水利水电 38（2）：69－70.
刘超，2017. 环境法视角下河长制的法律机制建构思考［J］. 环境保护 45（9）：24－29.
刘国翰，2014. 增量共治的杭州实践［M］. 北京：社会科学文献出版社：89.
刘迎春，2020. 小流域综合治理面临的问题与对策［J］. 农业科技与信息（3）：41－42，46.
刘昱含，宗传磊，2019. 农田水利建设资金管控问题与建议［J］. 财富时代（7）：159.
卢娟，2016. 水政监察队伍建设存在的问题及发展建议［J］. 人力资源管理（3）：162－163.
吕彩霞，蒋蓉，2019. 补齐短板拓展服务做好水利行业强监管的“尖兵”和“耳目”：访水利部水文司司长蔡建元［J］. 中国水利（24）：32－34.
吕志奎，戴倚琳，2019. 基于话语分析的河长制治理机制研究［J］. 天津行政学院学报 21（4）：19－26，69，2.
罗琳，庞靖鹏，陈希卓，2019. “十三五”时期水利投融资进展及形势研判［J］. 中国水利（16）：52－55.
罗平安，曹慧群，2019. 基于河长制的部门联合管理执法研究［J］. 长江技术经济 3（4）：63－67.
缪培，2017. 城市污水处理的运行成本分析与管理［J］. 山西农经（13）：60.
欧阳和平，罗迈钦，2019. 河长制下的湖南省水环境保护管理研究［J］. 湖南水利水电（4）：50－52.
齐泓玮，尚松浩，李江. 中国水资源空间不均匀性定量评价［J/OL］. 水力发电学报：1－11［2020－04－01］. http：//kns. cnki. net/kcms/detail/11. 2241. TV. 20200331. 1814. 006. html.
乔耀章，2013. 政府理路：续篇［M］. 苏州：苏州大学出版社：83.
求是网. 中共十九届四中全会在京举行［EB/OL］.（2019－10－28）［2020－03－02］. http：//dangjian. people. com. cn/n1/2019/1101/c117092－31432039. html.
任宪韶，2017. 认真落实绿色发展理念　助力海河流域全面建立河长制［J］. 海河水利（2）：1－3.
斯蒂芬·戈德史密斯，威廉·D. 埃格斯，2008. 网络化治理：公共部门的新形态［M］. 孙迎春，译. 北京：北京大学出版社：6.
宋京鸿，2019. 以行政自我规制为视角认识水利行业强监管［J］. 治淮（11）：8－9.
孙献忠，2015. 水利建设市场主体信用评价指标体系构建［J］. 人民长江 46（24）：55－58，93.
谭薛娟，2020. 浅谈水利基本建设资金财务管理存在的问题及对策［J］. 纳税 14（4）：146.
谭彦红，2009. 中国农村饮用水安全形势与政府政策选择［J］. 生态经济（11）：176－179，182.
唐德龙，2019. 新公共治理：作为一种新范式的思考：评《新公共治理：公共治理理论和实践方面的新观点》[J]. 社会政策研究（4）：2.
唐亚林，王小芳，2020. 网络化治理范式构建论纲［J］. 行政论坛（4）：9-13.
王芳，2017. 水利工程建设与保护生态环境可持续发展［J］. 工程技术研究（7）：242，248.
王芬，2016. 农村水利资金监管存在的问题及对策［J］. 江西农业（24）：121.
王冠军，刘小勇，2019. 推进河湖强监管的认识与思考［J］. 中国水利（10）：5-7，10.
王贵作，刘政平，2019. 浅析水利强监管与水利社会化监督［J］. 水利发展研究 19（6）：1-2.
王华，陈华鑫，徐兆安，等，2019. 2010—2017年太湖总磷浓度变化趋势分析及成因探讨［J］. 湖泊科学 31（4）：919-929.
王华，2020. 打好河湖管理保护的攻坚战、持久战［J］. 山东人大工作（4）：9-12.
王鹏飞，2018. 上海市松江区河湖水面面积分析研究［J］. 中国水利（3）：14-15，21.
王维，2020. 水利工程项目建设管理研究［J］. 智能城市 6（1）：192-193.
王勇，2015. 水环境治理"河长制"的悖论及其化解［J］. 西部法学评论（3）：1-9.
王志坚，2019. 水安全、水权与水管理：首届"国际水权论坛"综述［J］. 河海大学学报（哲学社会科学版）21（2）：2，109.
魏宝君，2018. 提高站位强化监管全力推进河湖乱象整治［J］. 中国水利（22）.
吴帆，张志芳，夏茂江，2019. 关于水利行业强监管在都江堰外江灌区的几点思考：以如何推进水利工程土地划界确权为例［J］. 四川水利 40（6）：143-146.
吴黎，2019. 水利工程建设管理中如何控制资金支付风险［J］. 纳税 13（17）：289.
夏晓丽，2014. 当代西方公民参与理论的发展进路与现实困境［J］. 行政论坛（4）：96-100.
肖胜忠，2020. 水利基建资金管理探讨［J］. 行政事业资产与财务（2）：34-35.
新华网. 习近平主持召开中央全面深化改革委员会第十二次会议并发表重要讲话［EB/OL］.（2020-02-14）［2020-03-02］. http：//www.cndca.org.cn/mjzy/xwzx/szcj/1482422/index.html.
杨炳霖，2017. 回应性监管理论述评精髓与问题［J］. 中国行政管理（4）.
杨博，谢光远，2014. 论"公共价值管理"：一种后新公共管理理论的超越与限度［J］. 政治学研究（6）：110-122.
杨斯博，2020. 分析水利工程建设项目招标投标现状、问题及建议［J］. 科技风（9）：186.
杨轶，黄莹，2019. 打基础、控风险，水利行业强监管平稳起步：访水利部监督司司长王松春［J］. 中国水利（24）：27-29.
佚名，2019. 水利部安排水利救灾资金1亿元支持南方旱区［J］. 中国水利（21）：4.
余国忠，赵承美，郜慧，2011. 河南省农村饮水安全问题与对策研究［J］. 地域研究与开发（5）：138-142.
张康之，2014. 公共行政的行动主义［M］. 南京：江苏人民出版社：313.
张沐华，2020. 试论中国水环境的河长制流域治理模式：运作逻辑、现实问题与完善对策［J］. 法制与社会（4）：145-146.
张荣娟，2019. 新时期农田水利建设的发展困境与对策［J］. 智能城市 5（22）：177-178.
张世丰. 加强水利法治建设推进依法治水管水［N］. 青海日报，2020-02-03（011）.
张旺. 强监管是新时代水利改革发展主调［N］. 中国水利报，2019-03-26（006）.

张闻笛，贺骥，吴兆丹，2019. 新时代水利监督组织体系构建及取得成效分析 [J]. 水利发展研究 19 (12)：5-8.
张秀玲，2020. 水土保持与水生态文明的关系及其规划问题探究 [J]. 珠江水运 (3)：112-113.
张雪晴，2019. 小型农田水利工程建设及管理要点探究 [J]. 工程技术研究 4 (23)：138-139.
张钰，2020. 农村水利工程建设和后续管理与维护研究 [J]. 农业开发与装备 (3)：19，23.
张云昌. 论我国水生态的保护与修复：任务与对策 [J/OL]. 三峡生态环境监测：1-7 [2020-04-01]. https：//doi. org/10. 19478/j. cnki. 2096-2347. 2020. 01. 01.
赵振敦，周迎奎，陈金剑，2016. 利津县小农水工程存在的问题与建议 [J]. 山东水利 (4)：51-52.
郑晓慧，2019. 对水利行业强监管的认识和思考 [J]. 中国水利 (14)：37-38.
中研网. 我国人均水资源量仅为世界人均水平 1/4 [EB/OL].（2014-11-21）[2020-05-02]. http：//www. h2o-china. com/news/217160. html.
周建国，熊烨，2017. "河长制"：持续创新何以可能：基于政策文本和改革实践的双维度分析 [J]. 江苏社会科学 (4)：38-47.
周迎奎，薄传梅，张建民，2019. 基层水利工程建设探析 [J]. 水利技术监督 (4)：140-142.
朱德米，2020. 中国水环境治理机制创新探索：河湖长制研究 [J]. 南京社会科学 (1)：79-86，115.
朱玫，2017. 论河长制的发展实践与推进 [J]. 环境保护 45 (Z1)：58-61.
左其亭，韩春华，韩春辉，等，2017. 河长制理论基础及支撑体系研究 [J]. 人民黄河 39 (6)：1-6，15.
Ayers I，J Braithwaite，1992. Responsive Regulation：Transcending the Deregulation Debate [M]. Oxford：Oxford University Press，4，12：25-26.
Bozeman B，Johnson J，2014. The Political Economy of Public Values [J]. American Review of Public Administration 45 (1)：62.
Briggs L，2007. Tackling wicked problems：A public policy perspective [J]. Canberra：Australian Government，Commonwealth of Australia：3.
Haas P M，2004. Addressing the Global Governance Deficit [J]. Global Environmental Politics 4 (4)：7.
Parker C，2002. The Open Corporation：Effective Self-regulation and Democracy [M]. Cambridge，New York：Cambridge Unicersity Press.
Rittel H W J，Webber M M，1973. Dilemmas in a general theory of planning [J]. Policy Sciences 4 (2)：155-169.
Termeer C J A M，Dewulf A，Breeman G，et al，2013. Governance Capabilities for Dealing Wisely With Wicked Problems [J]. Administration & Society 47 (6)：6.
Vickery S K，Droge C，Stank T P，et al，2004. The Performance Implications of Media Richness in a Business-to-Business Service Environment：Direct Versus Indirect Effects [J]. Management Science 50 (8)：1106-1119.

后　记

水利是经济社会发展的重要支撑和保障，与人民群众美好生活息息相关。随着新时代的到来和经济社会的持续快速发展，我国水资源形势将发生深刻的变化。水利内涵不断丰富、水利功能逐步拓展、水利领域更加广泛，传统任务与新兴使命叠加，现实需要与长远需求交织，水利事业将面临一系列新的挑战，迎来新一轮大发展的机遇。但目前我国一些地方还存在较严重的水污染、水安全、水生态等问题，缺水的生活之苦、少水的生产之苦、无水的生态之苦、滥水的发展之苦交织在一起。这不仅揭示出当前我国治水的主要矛盾已经从改变自然、征服自然转向调整人的行为、纠正人的错误行为，而且是我国社会主要矛盾变化在治水领域的具体体现，更是我国水利改革发展水平和发展阶段的客观反映。

水的社会属性，引出了水的社会和文化命题，这些命题就是社会科学需要研究和回答的问题。如今，人类社会的水危机越来越多地表现为社会问题，因此，通过社会科学研究去认识水危机问题的深层次原因，从人类社会中寻求解决之道、制定科学的水资源管理战略、实现水危机的综合治理等，已受到了国际社会的广泛重视。社会科学对化解当代水危机、实现水资源的可持续利用有着不可替代的作用。这种危机的特征越来越显示出它的社会属性，大量水问题的产生与人类社会直接相关，单纯的技术手段已经不能够从根本上化解这种危机，亟待社会科学的参与去维持人类对水的记忆，总结历史经验，探索问题的根源，提出化解矛盾的对策，指出水资源可持续利用的路径。因此，社会科学对水问题的研究是必不可少的。

当前，我国治水的主要矛盾已经从人民群众对除水害兴水利的需求与水利工程能力不足之间的矛盾，转化为人民群众对水资源水生态水环境的需求与水利行业监管能力不足之间的矛盾。因此，以紧跟时代的理论自觉，坚持我国国情、水情及新时代水利所处的历史方位，运用马克思主义立场、观点、方法，分析新老水问题和治水的地位、作用，做出符合我国水利改革发展内在逻辑的战略判断，是每个水利工作者不可推卸的使命、责任和担当。

“现代水治理丛书”充分体现了华北水利水电大学社会科学工作者的家国情怀、责任、担当和使命，从社会主义制度优势的角度研究现代水治理的内在逻辑、水利行业强监管的前沿问题、水行政法治的理论与实践、城市水生态文化、生态水利可持续发展等，具有一定的理论价值和现实意义。在丛书交稿之际，研究团队成员苦思冥想、不懈奋战的心慢慢沉静下来，不再有冲锋搏杀般的焦虑与紧张，但也没有多少胜利后的轻松和喜悦，因为汉口超警、九江超警、鄱阳湖告急等长江流域汛情依然牵动着每个水利人的心。水治理是一个巨大的系统工程，需要一代又一代有志之士为之不懈努力！

因编写时间仓促、作者水平有限，书中难免存在纰漏和缺憾之处，敬请读者给予批评指正。

何楠

2020年8月2日